W0268452

ENQUETE-KOMMISSION
„SCHUTZ DES MENSCHEN UND DER UMWELT"
DES 13. DEUTSCHEN BUNDESTAGES

Konzept Nachhaltigkeit

Studienprogramm

Springer-Verlag Berlin Heidelberg GmbH

E. Gruber · U. Böde · K. Beck

Stoffstrommanagement in der Altbaumodernisierung

Akteurskooperationen
im Bereich Bauen und Wohnen

Unter Mitarbeit von Gisela Renner

Mit 3 Abbildungen
und 7 Tabellen

Springer

Herausgeber:
Enquete-Kommission
„Schutz des Menschen und der Umwelt"
des 13. Deutschen Bundestages
Bundeshaus
D-53113 Bonn

Autoren:

Dipl.-Soziologin Edelgard Gruber
Dipl.-Physikerin Ulla Böde
Fraunhofer-Institut für Systemtechnik
und Innovationsforschung (ISI)
Breslauer Straße 48
76139 Karlsruhe

Dipl.-Ingenieur Klaus Beck
Freier Architekt und Stadtplaner
Baringdorfer Straße 141
32139 Spenge

ISBN 978-3-540-66051-4

Die Deutsche Bibliothek – CIP-Einheitsaufnahme
Stoffstrommanagement in der Altbaumodernisierung: Akteurskooperationen im Bereich Bauen und
Wohnen / [Enquete-Kommission „Schutz des Menschen und der Umwelt" des 13. Deutschen Bundesta-
ges (Hrsg.)]. Edelgard Gruber ... Unter Mitarb. von G. Renner. – Berlin; Heidelberg; New York; Barcelona;
Hongkong; London; Mailand; Paris; Singapur; Tokio: Springer, 1999
    (Konzept Nachhaltigkeit)
    ISBN 978-3-540-66051-4   ISBN 978-3-642-58499-2 (eBook)
    DOI 10.1007/978-3-642-58499-2

Geleitwort

Die langfristige Sicherung der natürlichen Lebensgrundlagen, wirtschaftliche Stabilität und soziale Verträglichkeit bilden die drei Dimensionen, die das Leitbild der Nachhaltigkeit zu vereinbaren sucht. Dabei verlangt nachhaltige Entwicklung einen Richtungswechsel, wenn es zukünftig gelingen soll, nicht mehr vom Naturkapital selbst, sondern von den Zinsen zu leben. Die Idee, auch künftigen Generationen eine lebenswerte Umwelt zu hinterlassen, findet breite Zustimmung, doch über das Wie herrscht Unsicherheit.

Wie können die Ziele einer nachhaltigen Entwicklung gefunden werden, und wie sieht ein solcher Weg für Deutschland aus? Welche Voraussetzungen müssen Staat, Wirtschaft und Gesellschaft erfüllen, um die Weichen zu stellen?

Um diese komplexen Fragen zu beantworten, beauftragte die Enquete-Kommission »Schutz des Menschen und der Umwelt« Wissenschaftler und Forschungsinstitute mit der Aufarbeitung einzelner Themenbereiche:

- Nationaler Umweltplan
- Globalisierung und Nachhaltigkeit
- Institutionelle Reformen
- Umweltbewußtsein und -verhalten
- Risiko- und Technikakzeptanz
- Bauen und Wohnen
- Versauerung von Böden

Mit der Veröffentlichung ihres Studienprogramms unter dem Titel »Konzept Nachhaltigkeit« will die Enquete-Kommission die aktuellen Forschungsergebnisse Politik, Wissenschaft, Wirtschaft und nicht zuletzt einer interessierten Öffentlichkeit zur Verfügung stellen. Die in den Studien geäußerten Ansichten müssen nicht mit denen der Enquete-Kommission übereinstimmen. Ich hoffe, daß die Veröffentlichung dazu beiträgt, die Diskussion zu beleben, und daß sie Mut macht zu weiteren Schritten in Richtung Nachhaltigkeit.

27. August 1997	Marion Caspers-Merk

Vorsitzende der Enquete-Kommission
»Schutz des Menschen und der Umwelt«

Inhaltsverzeichnis

Zusammenfassung

Aktivitäten im Lebensbereich „Bauen und Wohnen" beeinflussen die Umwelt in erheblichem Maße. Deshalb sieht die Enquête-Kommission „Schutz des Menschen und der Umwelt" das Stoffstrommanagement in diesem Bereich mit dem Ziel eines nachhaltig zukunftsfähigen Wirtschaftens als wichtige Aufgabe.

Zielsetzung

Aufbauend auf vorliegenden Erkenntnissen über technische und wirtschaftliche Gesichtspunkte der Stoffströme im Bauwesen und Beurteilungskriterien für die Vereinbarkeit mit ökologischen Zielen sollten Entscheidungsprozesse und Verflechtungen der verschiedenen Akteure im Baubereich, die Einflüsse auf Stoffströme haben, untersucht werden. Hierbei waren speziell auch die Dämmstoffe einzubeziehen, da die Energieeinsparung einen wesentlichen Aspekt für eine nachhaltig zukunftsfähige Entwicklung darstellt und die Dämmstoffe ebenfalls mit umfangreichen Stoffströmen und zum Teil problematischen Inhaltsstoffen verbunden sind.

Besonders komplex sind die Strukturen und Rahmenbedingungen bei der bisher in der Forschung eher unterbelichteten Altbaumodernisierung. Hier liegen zugleich die größten Potentiale und Hemmnisse für Maßnahmen zur Energieeinsparung. Außerdem fallen erhebliche Mengen von Stoffströmen in komplexer Zusammensetzung bei Neueinbau und Entsorgung an. Die Studie konzentriert sich deshalb auf die Altbaumodernisierung. Hier wurden in zwei Fallbeispielen, zahlreichen Gesprächen mit Beteiligten im Baugeschehen und einem Workshop mit Akteuren aus dem Bereich des Mietwohnbaus die Rolle der einzelnen Akteure, ihre Entscheidungskriterien, die Vernetzung zwischen Akteuren und Hemmnisse für ein zielführendes Stoffstrommanagement ermittelt. Daraus wurden Empfehlungen abgeleitet, die sich vor allem mit erfolgversprechenden Kooperationen zwischen den Akteuren befassen.

Fallbeispiele

Das *Fallbeispiel „Baugenossenschaft Freie Scholle"* wurde wegen seiner zukunftsfähigen Merkmale wie sozialverträgliche Eigentumsförderung, gemeinschaftliche Entscheidungsfindung und Übernahme sozialer Funktionen ausgewählt. Die Analyse zeigte, daß in den Gründungsjahren und vor dem Krieg wesentliche architektonische und soziale Impulse für innovativen Wohnungsbau von der Genossenschaft ausgingen, sich die Bautätigkeit danach aber – wie bei anderen Wohnbaugesellschaften auch – an Quantität und Rentabilität orientierte. Die Genossenschaft verfügt über eigene Planer und Handwerker, externe Akteure spielen kaum eine Rolle. Bei Modernisierungsmaßnahmen greift man auf „Bewährtes" zurück, wobei langlebige, wartungsfreundliche und emissionsarme Baustoffe und Baukonstruktionen bevorzugt werden. Der Energieeinsparung wird kein besonderer Stellenwert zugemessen.

Im *Fallbeispiel „Einfamilienhaus"* wurde eine komplette Sanierung durchgeführt, und durch Aus- und Anbau wurde die Nutzfläche erheblich vergrößert. Die Planung erfolgte durch einen Architekten, der die Arbeiten der beteiligten Gewerke koordinierte und die Bauüberwachung übernahm. Entscheidungskriterien für die Stoffauswahl waren gesundheitliche Unbedenklichkeit, Kosten, Wirtschaftlichkeit, ökologische

Qualität und Geschmack der Bauherrin. Für die Heizungsmodernisierung mit Einbau eines Brennwertkessels wurde ein Energieberater herangezogen. Wegen zum Teil fehlender Wirtschaftlichkeit wurden jedoch nicht alle Möglichkeiten zur Energieeinsparung genutzt. In diesem Fallbeispiel war eine intensive Kommunikation zwischen den Beteiligten festzustellen.

Im *Fallbeispiel „Städtische Wohnungsbaugesellschaft"* wurde eine Sanierungsmaßnahme im sozialen Wohnungsbau untersucht. Es handelte sich dabei um denkmalgeschützte sogenannte Arbeiterwohnungen aus dem 19. Jahrhundert. Sie erfolgte im Rahmen einer großangelegten Stadtteilsanierung. An der Maßnahme waren zahlreiche Akteure beteiligt. Es war schwierig, die unterschiedlichen Interessen unter einen Hut zu bringen. Der Erhalt von preisgünstigem Wohnraum stand im Vordergrund; ein ökologisches Sanierungskonzept war aus Sicht des Bauherrn nicht finanzierbar. Außendämmung war aus Gründen des Denkmalschutzes nicht möglich.

Auch im *Fallbeispiel „Plattenbau in den Neuen Bundesländern"* befanden sich die näher untersuchten modernisierten Objekte – wie die meisten Plattenbauten – im Eigentum einer kommunalen Wohnbaugesellschaft. Die Gebäude stammen aus dem Jahr 1979 und wiesen bereits erheblichen Sanierungsbedarf auf. Daher wurden umfangreiche Arbeiten durchgeführt, sowohl an der Außenhaut als auch am Heizungssystem und in der Innenausstattung. Die Qualität der Sanierung war stark vom Förderumfang, von den Förderrichtlinien und von der maximal erzielbaren Miethöhe bestimmt. So blieb man z. B. mit der Außendämmung an der unteren Grenze der geltenden Wärmeschutzverordnung, obwohl mit wenig Mehraufwand eine merklich höhere Energieeinsparung hätte erzielt werden können.

Workshop mit Akteuren

Mit einigen Fachleuten, die in der Praxis mit Altbaumodernisierung im Mietwohnbau befaßt sind, wurden die Entscheidungsprozesse hinsichtlich Wärmedämmung und Baustoffwahl, das Vorgehen bei der Entsorgung von Bauabfällen, Kommunikation und Kooperation zwischen Beteiligten sowie Informationsbedarf und Maßnahmen-Empfehlungen besprochen. Als entscheidendes Kriterium erwies sich die Wirtschaftlichkeit von Investitionen. Beklagt wurde die mangelnde Transparenz des Baustoffangebots, aus Zeitmangel kann die Informationsflut der Fachbücher, Broschüren etc. nicht bewältigt werden. Das Bewußtsein über mögliche Schadstoffe, die bei der Altbaumodernisierung eingesetzt werden, ist relativ gering. Kommunikation und Kooperation zwischen Beteiligten kommen zu kurz; es wurden jedoch einige konkrete Vorschläge dazu und zu weiteren unterstützenden Maßnahmen geäußert.

Stoffströme in der Altbaumodernisierung

Statistische Daten und Aussagen aus der Literatur belegen die Bedeutung der Altbaumodernisierung und die großen Potentiale in diesem Bereich für ein nachhaltig zukunftsfähiges Wirtschaften. Eine große Chance für Wärmedämmung ergibt sich im Zuge von notwendigen Instandhaltungs- und Sanierungsmaßnahmen im Gebäudebestand der 50er, 60er und 70er Jahre, vor allem bei den – vielfach industriell vorgefertigten – Bauweisen in den neuen Bundesländern.

Wesentliche Stoffströme bei der Altbaumodernisierung sind von der Menge her Dämmstoffe, gefolgt von Materialien aus dem Innenausbau wie Innenputz, Keramik, Installationen und Bodenbeläge sowie Fenster und bei Umbauten auch Mauerwerk. Eine Quantifizierung von problematischen Stoffen ist nicht möglich, vor allem auch wegen der zahlreichen Zusatz- und Bauhilfsstoffe, die viele unbedenkliche Rohstoffe erst zu Problemstoffen machen.

Ziele des Stoffstrommanagements sind Verringerung des Einsatzes nicht-erneuerbarer Rohstoffe, Verlängerung der Lebensdauer von Produkten und Baukonstruktionen, Rückführung in den natürlichen Stoffkreislauf, Vermeidung toxischer Inhaltsstoffe und Senkung des Energiebedarfs in den Gebäuden. Zu betrachten ist die gesamte Prozeßkette über alle Bearbeitungsschritte, die gesamte Nutzungsdauer und die Entsorgung oder Wiederverwendung.

In der Literatur stellt sich der Begriff „ökologisch" in vielen Facetten dar. Die Problematik der ökologischen Bewertung wird häufig angesprochen, meist aber nur auf den Neubau bezogen. Eine einheitliche Beurteilung von Baustoffen und Baukonstruktionen gibt es bisher nicht. Wegen der vielschichtigen Zusammenhänge und der zum Teil widersprüchlichen Aussagen herrscht bei Architekten, Handwerkern und Bauherren große Unsicherheit bei der Entscheidungsfindung. Die ökologisch interessierten Baupraktiker sehen sich mit einer Flut von baubiologischen Leitfäden, Produktwerbung etc. konfrontiert. Sie wünschen verständliche, nachvollziehbare und handhabbare Informationen, die ihnen eine einfache Beurteilung von Baustoffen und Baukonstruktionen erlauben. Für eine intensive Beschäftigung mit wissenschaftlichen Studien und zahlreichen Fachzeitschriften haben sie zu wenig Zeit.

Akteure und Entscheidungsprozesse

Die Erhaltung des Bestands sollte unter Nachhaltigkeitsaspekten Priorität vor dem Neubau haben. Die Altbaumodernisierung ist nicht nur wegen der vielfältigen Stoffströme, sondern auch im Hinblick auf die Vielzahl beteiligter Akteure mit unterschiedlichen Interessen äußerst komplex. Sie wird in der Gesellschaft in ihrer Zukunftsbedeutung nicht erkannt, von den meisten Baufachleuten nicht als attraktiver Markt gesehen und kommt auch in der Förderpolitik gegenüber dem Neubau viel zu kurz. Gesamtkonzepte werden in der Regel nicht erstellt; es dominieren Einzelmaßnahmen. Die große Chance für eine nachträgliche Wärmedämmung, die sich bei ohnehin anstehenden Arbeiten an Fassade oder Dach ergibt, werden nicht oder unzureichend genutzt. Insbesondere gilt dies für den Mietwohnbau; hier bestehen kaum Anreize zu solchen Investitionen. Nachhaltigkeitsgesichtspunkte spielen bei der Baustoffwahl kaum eine Rolle, am ehesten achten Selbstnutzer auf Energieeinsparung – soweit bei den derzeitigen Energiepreisen rentabel – und auf ökologische Kriterien, worunter vor allem gesundheitliche Unbedenklichkeit verstanden wird. Bei Wohnbaugesellschaften und anderen großen Vermietern ist die Rentabilität das wichtigste Entscheidungskriterium. Im Abfallbereich haben sich inzwischen durch gestiegene Deponiekosten finanzielle Vorteile bei sorgfältigem Umgang mit dem Bauschutt ergeben, die bei größeren Objekten zunehmend genutzt werden. Insgesamt ist das Stoffstrommanagement somit durch wirtschaftliche Erwägungen bestimmt. Ein weiteres Hemmnis ist die Unsicherheit über die ökologische Bedeutung der Bauprodukte. Es gibt keinen handhabbaren Überblick, keine einheitlichen Bewertungskriterien und keine ausreichende Kennzeichnung von Stoffen und Produkten.

Fazit und Empfehlungen

Um die Voraussetzungen für ein zielführendes Stoffstrommanagement im Sinne einer nachhaltig zukunftsfähigen Entwicklung im Baubereich zu verbessern, ist eine allgemeine Bewußtseinsbildung über die komplexe Aufgabe „Altbaumodernisierung" notwendig. Eine wichtige Rolle kommt dabei einer verbesserten Kommunikation, Koordination und Kooperation der beteiligten Akteure zu. Hierzu werden einige Vorschläge vorgestellt. Die integrierte Planung bei der Altbaumodernisierung müßte vorangebracht werden, wobei den Architekten und Ingenieuren eine zentrale Rolle zukommt. Ein Bündel von vier auf Kooperation beruhenden Instrumenten mit dem Ziel, den Markt von Angebots- und Nachfrageseite her zu erschließen, müßte von staatlicher Seite angestoßen werden. Es besteht aus Selbstverpflichtungen der Hersteller zur Entwicklung ökologisch unbedenklicher Produkte, der Offenlegung und Beurteilung nach einem Deklarationsraster, das den Anwendern eine Entscheidungsgrundlage liefert, und der Organisation einer kooperativen Beschaffung, bei der Abnehmer Druck auf die Angebotsseite ausüben. Weitere empfohlene Maßnahmen, die ebenfalls nur in Kooperation verschiedener Akteure realisiert werden können, sind die Einführung von Energiekennzahlen und Wärmepässen, ein vernetztes Energieberatungsangebot unter Kooperation mit dem Handwerk und die Weiterbildung von Eigentümern, Baufachleuten und Handel.

1 Ausgangslage, Zielsetzung und methodisches Vorgehen

Die Enquête-Kommission „Schutz des Menschen und der Umwelt" der 13. Legislaturperiode des Deutschen Bundestags hat sich zum Ziel gesetzt, die ökonomischen, ökologischen und sozialen Rahmenbedingungen für eine nachhaltig zukunftsfähige Entwicklung festzustellen und Maßnahmen zur Förderung notwendiger Innovationen zu erarbeiten. Dazu hat die Kommission unter anderem den Lebensbereich „Bauen und Wohnen" exemplarisch ausgewählt. In diesem konkreten Bedürfnisfeld soll gezeigt werden, „wie Rahmenbedingungen zu gestalten sind, die den ökologischen Erfordernissen Rechnung tragen und gleichzeitig ökonomische und soziale Probleme nicht verschärfen" (Enquête-Kommission 1997).

1.1 Ausgangslage

Die menschlichen Aktivitäten im Zusammenhang mit Bauen und Wohnen beeinflussen die Umwelt in erheblichem Maße, und zwar vor allem in zwei Bereichen: im Landschaftsverbrauch beim Neubau, einschließlich der damit verbundenen Verkehrswege, und bei den Stoffströmen mit dem entsprechenden Verbrauch an Ressourcen und den bei Altbaumodernisierung und Rückbau anfallenden Abfallstoffen. Zu beachten ist insbesondere die große Menge der verarbeiteten und entsorgten Stoffe – fast die Hälfte aller Stoffflüsse und 70 % der Abfälle entfallen auf den Baubereich – sowie die lange Lebensdauer von Bauprodukten, aber auch die Problematik von toxischen Inhalten, Bauhilfsstoffen und Verbundmaterialien, die nachteilige Auswirkungen auf Umwelt und Gesundheit haben und das Recycling oder die Weiterverwendung erschweren.

Unter dem Begriff des Stoffstrommanagements hat die Enquête-Kommission 1994 die Optimierung von Produktlinien durch gezielte Steuerung und Beeinflussung von Stoffströmen mit eigenverantwortlicher kooperativer Anstrengung der beteiligten Akteure als wichtigen Beitrag im Hinblick auf die Zielerreichung des langfristig ökologischen Wirtschaftens erkannt. Stoffstrommanagement ist eine aktive und effiziente, an Umweltzielen orientierte, produktlinien- und medienübergreifende Einflußnahme auf Stoffströme mit klarer Zuordnung von Aufgaben zu den beteiligten Akteuren (de Man 1996, Enquête-Kommission 1994). Dies bedeutet einen aktiven, vorbeugenden Ansatz gegenüber dem klassischen, eher reaktiven Ansatz. Gemäß den bisherigen Erfahrungen mit Stoffstrommanagement und auch in den früher untersuchten Fallbeispielen der Enquête-Kommission hat sich der Informationsverlust entlang des Stoffstroms als wesentliches Hemmnis für die Durchführung eines Stoffstrommanagements herausgestellt (Henseling 1996). Es wird vermutet, daß ein Bewußtsein für Stoffströme, deren Bedeutung und zielführendes Management auch bei den Verantwortlichen im Baubereich heute noch kaum vorhanden ist. Gründe dafür können z. B. sein: fehlende Information, entgegenwirkende Entscheidungskriterien, fehlende Kooperationen zwischen den am Bau Beteiligten und unzureichend fördernde Rahmenbedingungen der Politik. Im Bereich von Konsumgütern wurden schon Beispiele untersucht, die zeigen, wie durch Akteurskooperationen ökologische Optimierungen von Produkten erreicht werden konnten, aber auch Gegenbeispiele für mangelnde Kooperation wurden gefunden (Grieshammer u. a. 1995).

Die technischen und wirtschaftlichen Gesichtspunkte der Stoffströme im Bauwesen wurden bereits eingehend untersucht (z. B. Grieshammer u. Buchert 1996). Es wurden auch Beurteilungskriterien hinsichtlich der Vereinbarkeit mit ökologischen Zielen erarbeitet (z. B. ITAS u. a. 1996). Aufbauend auf den vorliegenden Erkenntnissen umfaßt die aktuelle Studie die Untersuchung der Rolle der beteiligten Akteursgruppen, der Entscheidungskriterien, der Hemmnisse und des Bedarfs in der Baupraxis und mündet in – von den Betroffenen akzeptierte – Maßnahmen und Vorschläge zur Verbesserung des Stoffstrommanagements.

Ein weiterer wesentlicher Gesichtspunkt für eine nachhaltig zukunftsfähige Entwicklung ist die Energieeinsparung im Wohnbaubereich. Etwa ein Drittel des gesamten Endenergieverbrauchs entfällt in Deutschland auf die Beheizung von Gebäuden. Durch die mehrfach verschärfte Wärmeschutzverordnung und die Entwicklung eines Niedrigenergiehaus-Standards haben sich im Neubau in den vergangenen Jahren erhebliche Verbesserungen vollzogen. Es ist jedoch unbestritten, daß die größten Potentiale im Altbaubestand liegen. Rund 70 % des Energieverbrauchs könnten mit verfügbaren Techniken hier eingespart werden, die heute wirtschaftlichen Investitionen würden eine Einsparung von rund 40 % bringen (Ebel 1995, Knissel u. a. 1997, von Braunmühl u. a. 1996). Im Altbaubereich mit seinen komplexen Strukturen und Rahmenbedingungen liegen aber gleichzeitig die größten Hemmnisse für die Durchführung von Investitionen. Eine der wichtigsten Maßnahmen zur Energieeinsparung im Altbau ist die nachträgliche Wärmedämmung; sie ist ebenfalls mit umfangreichen Stoffströmen und zum Teil problematischen Inhaltsstoffen verbunden.

Im Sinne einer nachhaltig zukunftsfähigen Entwicklung ist generell die Pflege und Erhaltung des Altbaubestands von großer Bedeutung. Die Lebensdauer von Gebäuden wird immer kürzer, das Leitbild der Langfristigkeit ist heute unpopulär (Hassler 1997). Instandhaltung und Wertverbesserung statt Abriß bedeuten weniger Landschafts- und Ressourcenverbrauch. Auch aus diesem Grund konzentriert sich die vorliegende Studie auf die Altbaumodernisierung.

1.2 Zielsetzung

Die Ergebnisse der Studie sollen dazu beitragen, daß die großen, ungenutzten Potentiale für die nachhaltig zukunftsfähige Entwicklung besser ausgeschöpft werden. Aus der Perspektive des Stoffstrommanagements und der sozioökonomischen Hemmnisforschung sollte dazu untersucht werden, worin die wesentlichen Defizite bestehen, und es sollten Maßnahmen vorgeschlagen werden, um den Informationsstand der Beteiligten zu verbessern und eine zielführende Kooperation der Akteure zu fördern.

Ein Ziel der Studie war auch die Erstellung eines „Organisationsmodells" für unterschiedliche Akteure, die wesentliche Entscheidungen im Bereich der Baustoffströme treffen. Im Mittelpunkt sollten dabei Akteursbeziehungen und ihre zielorientierte Kooperation und Kommunikation für das Management von Stoffströmen im Bereich Bauen und Wohnen stehen. Die Fallbeispiele und zahlreiche Gespräche mit Akteuren lieferten Ansatzpunkte hierfür, zeigten jedoch auch, daß ein Bündel weiterer Maßnahmen zur Überwindung der vielfältigen Defizite erforderlich ist.

Als Ziele wurden deshalb festgelegt:

1. Erarbeitung eines Überblicks über die Rahmenbedingungen für die Altbaumodernisierung, wesentliche Stoffströme, wobei speziell auch Dämmstoffe zu berücksichtigen waren,

und ihre Bedeutung für eine nachhaltig zukunftsverträgliche Entwicklung im Bereich Bauen und Wohnen, z. B. geringer Ressourcenverbrauch, Energieeinsparung, Vermeidung von Schadstoffen, Wiederverwendbarkeit etc. bei der Betrachtung der gesamten Prozeßkette von der Rohstoffgewinnung bis zur Entsorgung.

2. Identifikation von Akteursketten, Entscheidungszeitpunkten, Entscheidungsverhalten und Entscheidungsstrukturen; hierbei sollte auch der Einfluß von Rahmenbedingungen untersucht werden, die politisch zu beeinflussen sind, z. B. Vorschriften, Vollzug gesetzlicher Regelungen, Förderprogramme etc.

3. Vorschläge für Akteurskooperationen und Ermittlung der Voraussetzungen und des Bedarfs an Unterstützung durch Information und Dienstleistungen seitens des Staates oder bestehender Einrichtungen sowie begleitend notwendige Maßnahmen der Politik.

In erster Linie sollte es sich bei der Studie um qualitative Aussagen auf der Grundlage empirischer Untersuchungen handeln. Eigene quantitative oder ökologische Baustoffbilanzen sollten nicht vorgenommen werden. Es war ausdrücklich nicht Gegenstand der Studie, eigene Bewertungen von Baustoffen vorzunehmen. Vielmehr sollte die Studie mit empirischen Methoden – Fallstudien, intensive Gespräche mit Akteuren, Workshop mit Baupraktikern – Probleme und Defizite für ein auf nachhaltige Zukunftsfähigkeit zielendes Stoffstrommanagement ermitteln und Möglichkeiten für Akteurskooperationen zeigen.

Wichtig war die Betrachtung unterschiedlicher Konstellationen im Wohnbaubestand: Eigentum/Mietwohnbau, Kleineigentümer, Genossenschaften, freie Baugesellschaften, sozialer Wohnungsbau etc. Auch die Perspektive der Bewohner sollte einbezogen werden, soweit dies für die Wirkungen der Stoffströme von Bedeutung ist.

Angesichts der immensen Vielfalt und Komplexität der Stoffströme bei der Altbaumodernisierung war es nicht möglich, auch nur auf einen merklichen Anteil dieser Stoffe im Detail einzugehen und schon gar nicht, hier Vollständigkeit zu erreichen. Es wurde besonderes Gewicht auf die Dämmstoffe gelegt, da diese mengenmäßig eine bedeutende Rolle spielen und gleichzeitig dem Ziel der Nachhaltigkeit durch ihre Energiesparfunktion dienen. Ansonsten wurde in den Fallstudien und Gesprächen sowie im Workshop der Einsatz „ökologischer" Baustoffe, von Verbundstoffen etc. angesprochen, ohne im einzelnen bestimmte Bauteile, Produkte oder Materialien diskutieren zu können.

Der Begriff der Altbaumodernisierung wurde als übergeordnete Bezeichnung für alle Bautätigkeiten im Altbaubestand gewählt. Hierzu zählen Renovierung (Substanzerhaltung), (präventive) Instandhaltung, Sanierung (Beseitigung von Schäden, Wiederherstellung der Funktionsfähigkeit), Substanzverbesserung (üblicherweise als „Modernisierung" im engeren Sinne bezeichnet, v. a. Maßnahmen bei der Ausstattung), Umbau, Dachausbau und Teilerneuerung. Nachverdichtung durch Aufstockung, Anbau oder Schließen von Baulücken gehört eindeutig in den Neubaubereich und konnte in der vorliegenden Studie nicht betrachtet werden.

1.3 Methodisches Vorgehen

Die Vorgehensweise wurde vor Projektbeginn Ende Juni 1997 mit Repräsentanten der Enquête-Kommission abgestimmt und nach einem Werkstattgespräch mit der Kommission und anderen Fachleuten im September 1997 nochmals modifiziert.

Im Mittelpunkt stand zunächst die Ermittlung von Fallbeispielen und die Erstellung eines Gesprächsleitfadens für die Tiefeninterviews mit den Akteuren. Dazu war es erforderlich, einen Überblick über die in den Gesprächen zu behandelnden Baustoffe und ihre Problematik zu gewinnen. Zu diesem Zweck wurde auch Literatur gesichtet, die von Praktikern mit ökologischem Interesse herangezogen wird. Da diese „ökologische" Literatur allerdings äußerst umfangreich ist, kann kein Anspruch auf Vollständigkeit erhoben werden.

Es wurden vier Fallstudien ausgewählt: eine Baugenossenschaft, ein privates Einfamilienhaus, eine städtische Wohnbaugesellschaft und ein Plattenbau in den neuen Bundesländern. Außerdem wurden Interviews mit ausgewählten Akteuren weiterer Gruppen durchgeführt, da es wichtig erschien, die Sicht auch derjenigen Akteure zu erfassen, die in den Fallbeispielen nicht vertreten waren, z. B. Behörden, Baustoffhandel, freie Wohnbaugesellschaften, Verbände etc.

Bei den Fallbeispielen wurden zunächst orientierende Gespräche geführt, um nach dem üblichen Vorgehen bei Modernisierungen, Informationsbedarf, Kooperation etc. zu fragen, dann wurde für die detaillierte Analyse eine konkrete Modernisierungsmaßnahme ausgewählt, um das Vorgehen und die beteiligten Akteure zu ermitteln. Themen waren: Auslöser für Modernisierungsmaßnahmen (z. B. Bestandserhaltung, -verbesserung, Bewohnerwünsche, Erweiterung), Häufigkeit und Zeitintervalle bei einzelnen Bauteilen, Wiederverwendung und Entsorgung von Baustoffen, Wärmedämmung, Auswirkungen von Maßnahmen auf die Bewohner, Existenz von Sanierungskonzepten, Beteiligte, Informationsflüsse und Kooperation zwischen den Akteuren, Entscheidungskriterien und -verhalten, Nutzung von Förderprogrammen, Bedarf an Unterstützung, z. B. Information, Dienstleistung, Anleitung (Leitfaden) und sonstige Verbesserungsvorschläge.

Nach den Fallstudien wurden noch zahlreiche Gespräche mit Akteuren und Fachleuten geführt, um die Ergebnisse auf eine breitere Basis zu stellen, wie dies der Wunsch der Enquête-Kommission war. Abschließend wurde im Dezember 1997 ein Workshop mit Akteuren durchgeführt. Inhalt der Gespräche und des Workshops waren wesentliche Fragen im Zusammenhang mit Entscheidungskriterien und Entscheidungsprozessen hinsichtlich der Baustoffwahl und wärmedämmender Maßnahmen, Abfallentsorgung und Recycling sowie Maßnahmen zur Förderung des ökologischen Modernisierens, z. B. Motivation der Akteure, Informationsschriften, Weiterbildung, finanzielle Förderung und Vorschriften. Der Workshop konzentrierte sich auf den besonders problematischen Sektor des vermieteten Geschoßwohnungsbestands.

2 Ergebnisse von vier Fallstudien

2.1 Baugenossenschaft

Das genossenschaftliche Bauen und Wohnen erscheint nachhaltig zukunftsfähig, weil es nicht nur die Eigentumsbildung sozialverträglich fördert und durch ein enges Kommunikations- und Interaktionsnetzwerk gemeinschaftliche Entscheidungen und Aktionen zugunsten ökologischer Gesichtspunkte, z. B. der Energieeinsparung und des Umweltschutzes, ermöglicht, sondern auch soziale Funktionen übernimmt, z. B. die Integration älterer Personen, die künftig zunehmende Bedeutung haben wird. Aus diesen Gründen wurde die „Freie Scholle" als Fallbeispiel ausgewählt.

Die „Freie Scholle" ist eine klassische Baugenossenschaft. Mit mehr als 5.000 Wohneinheiten an mehreren Standorten in Bielefeld gehört sie zu den größten Wohnungseigentümern der Stadt und ist eine der größten Baugenossenschaften in Nordrhein-Westfalen. Sie wurde 1911 aus der Arbeiterbewegung gegründet; im Mittelpunkt der Genossenschaftsidee stand die Versorgung mit finanziell erschwinglichem, gut ausgestattetem Wohnraum (Freie Scholle 1986). Die Mieter sind durch Entrichtung des Genossenschaftsanteils Miteigentümer der Wohnungen; eine Belegung ist bis heute an die Mitgliedschaft in der Genossenschaft gekoppelt.

Damit ist eine kontinuierliche Mitbestimmung an der Geschäftspolitik der Genossenschaft verbunden, die sich über zwölf Wahlbezirke mit 130 gewählten Vertretern in der Vertreterversammlung ausdrückt. Diese wählt den Aufsichtsrat, der den Vorstand bestellt und der Vertreterversammlung rechenschaftspflichtig ist.

1914 wurden die ersten Wohnungen errichtet, die in technischer und gesundheitlicher Hinsicht für den Wohnungsbau der damaligen Zeit vorbildlich ausgestattet waren. Querlüftung und gute Belichtung, die Ausstattung der Zwei-, Drei- und Vierzimmerwohnungen mit WC, elektrischer Beleuchtung und Wohnküchen mit Kochgas waren außergewöhnlicher Standard. Im Keller befanden sich gemeinschaftliche Badeeinrichtungen. Die ersten Gebäude waren zweigeschossig und hatten ausgebaute Dachgeschosse.

Den größten Aufschwung nahm die Bautätigkeit der Freien Scholle in den Zwanziger Jahren. Die hohen Preise der Bauunternehmer und die wachsende Zahl arbeitsloser Bauarbeiter führten 1921 zur Gründung eines eigenen sozialen Baubetriebs durch die Freien Gewerkschaften und die Freie Scholle; die Bauhütte „Teutoburg". Bei der Erprobung und Nutzung fortschrittlicher Baumethoden leisteten die Bauhütten Pionierarbeit, stießen aber auf massiven Widerstand der privaten Bauunternehmer.

Neben der Errichtung der Wohnungen wurden soziale Gemeinschaftseinrichtungen, vor allem im Hinblick auf die Bedürfnisse von Frauen und Kindern, geschaffen: Gemeinschaftswaschküchen, Kindergärten und -horte, Einkaufsmöglichkeiten und 1930/31 im Rahmen eines Arbeitsbeschaffungsprogramms ein Gemeinschaftshaus.

Architektonisch hervorzuheben ist die Gestaltung der Siedlungen mit dem Schwergewicht einer gemeinschaftsorientierten Freiraumplanung. Es wurden Wohnhöfe mit hoher Qualität gebaut, die sich städtebaulich bis heute bewähren. Die Siedlungen der Zwanziger Jahre stehen aufgrund ihrer hohen architektonischen und städtebaulichen Qualität unter Denkmalschutz.

1933 wurde die Genossenschaft „gleichgeschaltet", und es gab einen deutlichen Mitgliederschwund. Bis zum Einsetzen des Neubauverbotes 1940 wurden aber weitere Wohnungen errichtet. In der Aufbauphase nach Ende des Krieges wurde in den Fünfziger Jahren mit mehr als 2.000 Wohnungen das größte Bauprogramm der bisherigen Geschichte der Freien Scholle umgesetzt. Die Neubautätigkeit wurde in verschiedenen Bauabschnitten bis in die 80er Jahre fortgesetzt und spiegelt in Architektur und Städtebau den jeweiligen Zeitgeist wider. Die nach dem Krieg errichteten Wohnungen reichen in ihrer architektonischen und städtebaulichen Qualität in keiner Weise an die fortschrittlichen Gebäude aus den Zwanziger Jahren heran. Die ursprüngliche qualitative Innovationskraft der Genossenschaft wich einer quantitativen Wohnungspolitik.

Seit Mitte der 80er Jahre konzentriert sich die Bautätigkeit ausschließlich auf Modernisierung und Sanierung; die Neubautätigkeit wurde gänzlich eingestellt. Dies liegt darin begründet, daß die öffentlichen Förderprogramme mit Mietpreisbindungen und Belegungsrechten den genossenschaftlichen Statuten zuwiderlaufen, außerdem kann die gemeinnützige Wirtschaftsform nicht wie private Investoren Steuervergünstigungen nutzen.

Die Bewohner weisen eine gemischte Sozialstruktur aus Arbeitern, Angestellten und Beamten auf. Sie sind im Rahmen der Satzung an Entscheidungen beteiligt. Sie leisten ehrenamtliche Tätigkeiten in der Selbstverwaltung und Eigenarbeit beim Bau. Es besteht eine intensive Kommunikation zwischen den Bewohnern; mehrmals jährlich erscheint eine Hauszeitung. Die Genossenschaft übernimmt auch soziale Funktionen, z. B. Altenhilfe und Kinderbetreuung (Bau bzw. Umbau entsprechenden Wohnraums). Gelegentlich finden ökologische Aktionen statt.

Auslöser für Modernisierungen

Die Auslöser der Modernisierungsmaßnahmen sind mit deutlicher Priorität soziale Veränderungen in der Mieterschaft. Aufgrund der „unzeitgemäßen" Wohnungsgrundrisse wie auch des veralteten Standards (Heizung, Sanitärausstattung, fehlende Balkone) zogen kaum mehr Familien mit Kindern zu. Die Belegung wies einen hohen Anteil an Studenten sowie eine deutliche Überalterung auf. Es fehlte zunehmend die mittlere Generation. 1992 wurde ein Modernisierungsprogramm beschlossen, das sich auf ca. 600 Wohnungen der Siedlung bezog und bis zum Jahr 2000 mit durchschnittlich 100 Wohnungen pro Jahr abgeschlossen sein soll. Im Mittelpunkt der Modernisierung stehen Anpassungen der Grundrisse sowie der Standards im Sanitärbereich und der Beheizung. Die 1956 errichteten Gebäude enthielten bei Neubau zu 90 % Zweizimmerwohnungen mit 44 m^2 und Dreizimmerwohnungen mit 53 m^2.

Das für die Studie beispielhaft untersuchte Gebäude umfaßte vor der Modernisierung neun Wohneinheiten, durch Zusammenlegung entstehen sechs Wohnungen mit ca. 70 m^2 für die Dreizimmerwohnungen; gerechnet wird mit einer Belegung von 12 bis 15 Personen. Die Planung orientiert sich an den Bedürfnissen einer Bewohnerstruktur von Facharbeitern und Angestellten.

Ist-Zustand vor der Modernisierung

Die ursprüngliche Beheizung erfolgte über Einzelöfen (Kohle-, später z. T. Gasaußenwandöfen). Die Gebäude wurden über dem Keller massiv mit Bimsstein aufgemauert, im Erdgeschoß 30 cm stark, in den Obergeschossen 24 cm und mineralisch verputzt. Die Fenster waren Holzfenster mit Einfachverglasung.

Die Dachkonstruktion wurde aus Nadelholz errichtet und mit roten Tondachziegeln eingedeckt. Bereits in den Siebziger Jahren wurden einzelne Bauteile erneuert, die Holzfenster wurden durch PVC-Fenster mit Zwei-Scheiben-Isolierverglasung ersetzt und vereinzelt wurden Etagengasheizungen eingebaut. Kontinuierlich erfolgten Instandhaltungsarbeiten, in erster Linie sogenannte Schönheitsreparaturen (Maler- und Tapezierarbeiten, Bodenbeläge, Fliesenarbeiten). Diese Maßnahmen werden von einer eigenen Abteilung der Freien Scholle mit ca. 20 Handwerkern unterschiedlicher Gewerke durchgeführt. Die kontinuierliche Instandhaltung bewirkte, daß zum Zeitpunkt der Modernisierungsarbeiten kein Reparaturstau bestand. Tatsächlich waren also nicht bautechnische Mängel Auslöser der Modernisierungsmaßnahme, sondern die veränderten Ansprüche des Wohnungsmarktes. Neben den Ansprüchen an veränderte Wohnungsgrößen und Grundrißzuschnitte war die Notwendigkeit der Erneuerung der Heizungsanlage wesentlicher Anstoß zur Modernisierung.

Generell gibt es bei der Freien Scholle keine bestimmten zeitlichen Intervalle, die für Modernisierungsmaßnahmen ausschlaggebend sind, auch staatliche oder kommunale Fördermittel spielen keine wesentliche Rolle.

Für die Modernisierung einzelner Bauteile wurden folgende zeitliche Intervalle ermittelt:

Innenwände:	abhängig von Grundrißveränderungen (ca. 40 Jahre)
Außenwände:	Instandsetzung des Außenputzes nur bei auftretenden Schäden
Fußböden:	Erneuerung der Beläge ca. 20 Jahre
Fliesen:	ca. 20 Jahre
Heizung:	ca. 25 Jahre

Wärmeverteilung: 25 Jahre und länger
Sanitärinstallation: 40 Jahre
Elektroinstallation: 40 Jahre
Fenster: 20 bis 30 Jahre.

Grundrißänderungen erfolgen fallweise in Anpassung an den Wohnungsmarkt mit einem Intervall von ca. 40 Jahren. Dachgeschoßbauten, Erweiterungen und Anbauten werden nicht durchgeführt (mit Ausnahme von Balkonen).

Im untersuchten Beispiel wurden folgende Maßnahmen durchgeführt:

- Austausch der Dacheindeckung durch Betondachsteine – die vorhandene Dachkonstruktion blieb einschließlich der Dachlattung erhalten, die Entscheidung für Betondachsteine anstelle von Tonziegeln fiel aufgrund geringerer Kosten
- Aufbringen von 4 cm Dämmung auf die Decke zum Dachgeschoß unter Estrich
- Erneuerung der Dachrinnen (vor und nach der Modernisierung Zink)
- Entfernung der Bodenbeläge sowie des Holzzementestrichs – die Entfernung des vorhandenen Estrichs war eine Folge der Veränderung der Grundrisse, bestehende Höhenunterschiede der vorhandenen Estriche ließen einen Erhalt des vorhandenen Estrichs nicht zu. Der Holzzementestrich wurde durch Anhydritestrich ersetzt (gleiche Höhe in allen Räumen), auf einer dünnen 1,5 cm Trittschalldämmung. Der Bodenbelag besteht aus Mipolam.
- Entfernen vorhandener Innenwände aus Bimssteinen und Ersatz mit Porenbeton und beidseitigem mineralischen Putz
- Erneuerung der Innentüren als Holztüren mit Holzzarge
- Wärmedämmverbundsystem mit 80 mm Mineralwolle und mineralischem Putz – die Entscheidung fiel zugunsten von Mineralwolle gegenüber Polystyrol als Marktführer trotz

geringfügiger Mehrkosten aufgrund des Brandverhaltens sowie des besseren Schallschutzes; ökologische Erwägungen spielten bei der Materialwahl keine Rolle

- Anbau von Stahl/Aluminiumbalkonen
- Erneuerung der Heizungs-, Sanitär- und Elektroinstallationen – Anschluß an das Nahwärmenetz der Stadtwerke
- Erneuerung der Fliesen.

Die vorhandenen Fenster und die vorhandenen Ziegelelementdecken blieben erhalten. Bei der gesamten Modernisierungsmaßnahme wurden keine Bauteile wiederverwendet oder aus dem Recycling stammende Baustoffe oder Bauteile eingesetzt.

Kooperationen

Es waren zahlreiche Akteure beteiligt:

- Eigentümer Freie Scholle, vertreten durch die Geschäftsführung
- Bewohnerschaft über Mitgliederversammlung, -vertretung und Aufsichtsrat
- Vergabestelle
- Siedlungswart
- Mieter
- Technische Abteilung
- Reparaturabteilung
- externe Planer für Statik und technische Gebäudeausrüstung
- ausführende Firmen.

Die wichtigsten Akteure im Entscheidungsprozeß für Modernisierungsmaßnahmen sind zum einen der Siedlungswart, der die Veränderungen in seinem Quartier sowie die Wünsche und Bedürfnisse der Bewohner sehr genau wahrnimmt, und zum anderen die Vergabestelle der Freien Scholle, die Nachfragen der Wohnungssuchenden sowie deren Ansprüche an Größe, Zuschnitt und Ausstattung aufnimmt und damit einen direkten Überblick über die Situation des Wohnungsmarktes gewinnt.

Veränderungen der Alterspyramide und Sozialstruktur werden von der Vergabestelle aufmerksam verfolgt und an die Geschäftsleitung weitergegeben. Diese beauftragt die technische Abteilung mit der Erstellung eines Modernisierungskonzepts. Die technische Abteilung der Freien Scholle besteht aus vier Architekten, einem Bauingenieur sowie einem Maurermeister mit Bauleitungsaufgaben. Sie entwickelt das Modernisierungskonzept und legt es der Geschäftsleitung vor.

Frühzeitig werden die Bewohner der Gebäude in die Überlegungen einbezogen. Hier entstehen teilweise Konflikte, die in intensiven Gesprächen ausgeräumt werden müssen, weil einzelne Mieter ihre Wohnungen nicht verlassen möchten oder eine Mieterhöhung fürchten. Wenn sich in einem Gebäude mehrere Mieter gegen die Maßnahme stellen, dann wird entweder die Planung modifiziert oder die Modernisierung zurückgestellt. Grundsätzlich werden für alle Mieter während der Modernisierungsphase Ersatzwohnungen bereitgestellt.

Sämtliche baulichen Planungen werden ohne Beteiligung externer Dritter innerhalb der Freien Scholle erstellt, die technische Abteilung erbringt alle Leistungsphasen nach HOAI, von der Grundlagenermittlung über Entwurf und Genehmigungsplanung, Ausführung und Überwachung bis zur Fertigstellung. Die notwendigen statischen Nachweise (Phase 1 bis 3 HOAI, Entwurf) werden an einen externen Tragwerksplaner vergeben, ebenso die haustechnischen Planungsaufgaben. Bei dem untersuchten Fallbeispiel wurde zusätzlich ein externer Planer mit der Erstellung eines Farbkonzeptes beauftragt.

Externe Architekten wurden nicht eingeschaltet, da man zusätzliche Abstimmungen vermeiden wollte. Die Erfahrungen bei einem aktuell erstellten Neubauprojekt (Altenwohnungen) mit externen Architekten und einem Projektsteuerer wurden von der technischen Abteilung der Freien Scholle eher negativ bewertet („Je mehr da reinreden, umso schlechter wird das Ergebnis").

Nach der Erstellung des Modernisierungskonzeptes werden die Bauleistungen beschränkt an Unternehmer ausgeschrieben und es werden Kostenangebote eingeholt. In der Regel werden die Planungen zu diesem Zeitpunkt nicht mehr geändert, eine Beteiligung der ausführenden Firmen an Planungsentscheidungen findet nicht statt.

Modernisierungsstrategie

Eine Modernisierungsmaßnahme unter Einschluß von Maßnahmen zur rationellen Energienutzung verläuft üblicherweise wie folgt:

1. Erstellung einer Energiebilanz und Ermittlung des energetischen Ist-Zustands
2. Definition des Soll-Zustands: nach der Wärmeschutzverordnung
3. Energetische Berechnung für die Verbesserung des wärmetechnischen Standards einzelner Bauteile: Wände, Fenster, Heizung
4. Kosten-Nutzen-Analyse verschiedener Optimierungen
5. Entscheidung über durchzuführende Maßnahmen nach dem Kriterium größtmöglicher Einsparpotentiale bei geringsten Kosten
6. Einholung von Preisangeboten bei verschiedenen Unternehmen
7. Vergabe
8. Durchführung der Maßnahme.

Ein Feedback über die Akzeptanz der Maßnahme durch die Bewohner erfolgt über Siedlungswart und Vertreterversammlung, diese Rückmeldungen fließen in zukünftige Planungen ein. Als Grundlage für verbesserte Enscheidungsprozesse äußert die Genossenschaft den Bedarf an einer detaillierten Erfassung aller wichtigen Gebäudedaten – idealerweise über eine Datenbank, die den baulichen Zustand der Gebäude, Altersangaben zu Gebäudeteilen, Durchführung von Reparaturen und Ersatzinvestitionen enthalten sollte.

Energetische Beurteilung

Die Modernisierungsmaßnahmen orientieren sich an den Vorgaben der Wärmeschutzverordnung. Bei dem untersuchten Fallbeispiel zeigte sich, daß die energetischen Optimierungspotentiale nur zu einem Teil ausgeschöpft wurden. Die zusätzliche Außendämmung mit 8 cm Stärke hätte sich mit vertretbarem finanziellem Mehraufwand deutlich verbessern lassen. Von der technischen Abteilung wurden gegen eine solche Maßnahme Bedenken wegen fehlender technischer Erfahrung vorgebracht. Man wollte zunächst die Entwicklung des Marktes und Langzeiterfahrungen anderer Projekte abwarten. Auch die Dämmung der oberen Geschoßdecke mit 4 cm Stärke liegt im unteren Bereich des technisch Möglichen und energetisch Wünschenswerten. Eine Wärmedämmung über der Kellerdecke (jetzt nur 2 cm Trittschalldämmung) wurde nicht umgesetzt, um die Höhenniveaus nicht verändern zu müssen. Gegen eine unterseitige Dämmung der Kellerdecke sprach die geringe Kellerhöhe von 1,90 m. Eine Behebung der Wärmebrücke der oberen Geschoßdecke im Traufbereich wurde nicht vorgenommen, da keine bautechnische Lösung gefunden wurde. Energetisch sinnvoll ist der Anschluß an das Nahwärmenetz, das zu einer erheblichen Verbesserung des Wirkungsgrades der Heizungsanlage führt.

Ein Austausch der Fenster mit k-Wert > 2,7 wurde nicht vorgenommen, ebensowenig der an anderen Objekten realisierte Ersatz der Zwei-Scheiben-Isolierverglasung durch Wärmeschutzglas, obwohl nach mehr als zwanzigjähriger Nutzungsdauer in Kürze mit einem Ersatz der Fenster gerechnet werden muß.

Es werden keine aktiven Systeme zur Nutzung von Solarenergie (Kollektoren, Photovoltaik) eingesetzt.

Die Verbrauchsgewohnheiten der Mieter wurden nicht ermittelt, so daß keine Daten über den Einfluß des Nutzerverhaltens vorliegen. Die Einweisung der Mieter erfolgt über ein Faltblatt, das sich speziell mit Hinweisen für richtiges Lüften an die Mieter wendet. Weitere Hinweise zur Einsparung von Raumwärme, Warmwasser oder Strom gibt es nicht.

Stoffströme

Es werden bei den Planungen keine besonderen Vorgaben zur Minimierung von Stoffströmen umgesetzt. Änderungen der Grundrisse als wesentliche Verursacher größerer Materialaufkommen werden unter dem Gesichtspunkt der Wohnungszuschnitte vorgenommen. Bei der Auswahl der Baustoffe stehen die Kriterien gesundheitliche Unbedenklichkeit sowie vor allem die Haltbarkeit und Langlebigkeit im Vordergrund. Andere ökologische Kriterien, wie z. B. Wiederverwendbarkeit, spielen keine Rolle. Wichtig sind ferner Kosten und Wirtschaftlichkeit.

Bei der Auswahl der Materialien werden bewährte Konstruktionen eingesetzt. Die Entscheidung zugunsten von Mineralwolle gegenüber Polystyrol für die Außenwanddämmung fiel aufgrund bauphysikalischer Abwägungen (Brandverhalten,

Schallschutz). Anstelle der Tondachziegel werden aus wirtschaftlichen Erwägungen Betondachsteine verwendet. Es wurde kein Entsorgungskonzept entwickelt. Rück- und Umbaumaßnahmen und die damit verbundene Entsorgung von Materialien wurden in die Hand der ausführenden Unternehmen gelegt, es gab weder spezielle Vorgaben noch besondere Kontrollen.

Die relativ langen Intervalle für umfassende Erneuerungen und die hohe Beachtung des Kriteriums der Langlebigkeit wie auch der Einsatz wartungsfreundlicher Konstruktionen mit geringer Schadensanfälligkeit bedeuten langfristig einen verminderten Umfang von Abfallaufkommen. Der bewußte Verzicht auf Stoffe mit bedenklichen Emissionen zeichnet die Baukonstruktion aus.

Fazit

Als Fazit aus dem Fallbeispiel läßt sich festhalten, daß von den Gründungsjahren bis 1933 von der Baugenossenschaft wesentliche soziale, aber auch baukonstruktive und architektonische Impulse ausgingen. Städtebau und Architekturqualität, Ausstattung und Zuschnitt der Wohnungsbauten gaben wesentliche Anregungen für einen innovativen Wohnungsbau mit nachhaltiger Wirkung. Diese Tradition setzte sich nach dem Krieg nicht fort, die Bautätigkeit orientiert sich seitdem in erster Linie an Kriterien von Menge und Wirtschaftlichkeit. Die Baukonstruktion und -technik im Modernisierungsbereich verzichtet auf Experimente und orientiert sich vor allem an bewährten Konstruktionen und Techniken.

Im Mittelpunkt stehen in erster Linie soziale Kriterien, eine stabile Bewohnerstruktur mit erschwinglichen Mieten und geringer Mieterfluktuation, die Anpassung der Grundrisse und Wohnumfeldverbesserungen. Es bestehen keine Impulse zur

Umsetzung besonderer innovativer ökologischer Standards wie z. B. dem Einsatz aktiver solarer Systeme, über die Wärmeschutzverordnung hinausgehende energetische Standards oder die Erprobung als besonders ökologisch geltender Baustoffe. Dies wird unterstützt durch die Tatsache, daß die Modernisierungsmaßnahmen in der Regel von den Planern und Technikern der Freien Scholle ohne Hinzuziehung externer Berater oder Planer projektiert und durchgeführt werden, die eher auf bekannte und bewährte Lösungen zurückgreifen. Dies bedeutet einerseits relativ reibungslose Abläufe unter den intern beteiligten Akteuren, gleichzeitig aber auch die Gefahr mangelnder Befruchtung durch externe Know-how-Träger. Das Fallbeispiel zeigt, daß sich die Einzelmaßnahmen eindeutig an der Umsetzung des „Bewährten" und nicht am „Innovativen" orientieren.

Die Modernisierungsmaßnahmen der Freien Scholle zeugen von begrenzter Innovationsbereitschaft, folgen aber dem Prinzip des Einsatzes langlebiger, wartungsfreundlicher und emissionsarmer Baustoffe und Baukonstruktionen. Die Verantwortung für die Entsorgung von Stoffen wird gänzlich an die ausführenden Firmen delegiert. Die Vorbereitung und Durchsetzung von Entscheidungen ohne Beteiligung Externer bewirkt relativ störungsfreie Kommunikations- und Abstimmungsprozesse, stützt aber gleichzeitig das Festhalten an bekannten und bewährten Lösungen und schränkt das Innovationspotential vor allem im energetischen Bereich ein.

2.2 Einfamilienhaus

Bei dem ausgewählten Objekt handelt es sich um ein Einfamilienhaus in Bonn aus dem Baujahr 1896, das jedoch nicht unter Denkmalschutz steht. Es wurde im Juli 1995 durch den jetzigen

Eigentümer käuflich erworben und anschließend komplett saniert und modernisiert. Die im Februar 1996 begonnenen Baumaßnahmen wurden im November des gleichen Jahres abgeschlossen. Die Außenanlagen wurden im April 1997 ergänzt. Im Rahmen des Modernisierungsvorhabens fand eine Beratung durch die Verbraucherzentrale Bonn statt. Für einzelne Maßnahmen wurden öffentliche Fördermittel in Anspruch genommen.

Das in Massivbauweise erstellte Objekt besteht aus zwei Wohneinheiten, wobei die eine gewerblich, die andere privat genutzt wird. Durch den Aus- und Anbau konnte die ursprüngliche Fläche von 160 m^2 auf 220 m^2 (90 m^2 Büro für Anwaltskanzlei, 130 m^2 Wohnfläche) aufgestockt werden. Beide Einheiten werden vom Eigentümer selbst genutzt.

Für die Planung, Durchführung und Bauüberwachung wurde ein Architekt herangezogen, zu dessen Aufgabengebiet auch Vertragsgestaltung und Rechnungsprüfung gehörten. Die Modernisierung wurde nach einem umfassenden Konzept durchgeführt. Auf eine technische oder finanzielle Dokumentation wurde jedoch verzichtet.

Die Hauptmaßnahmen der umfangreichen Modernisierung umfassen folgende Bereiche:

- Innenausbau
- Dachausbau
- Außenwandisolierung/Außendämmung
- Innendämmung
- Fenstererneuerung
- Erneuerung der Heizungsanlage (Brennwertkessel statt Brikett- und Gasöfen)
- Anbau.

Für die Durchführung wurden folgende Baugewerke herangezogen: Rohbauunternehmen, Gerüstbauer, Zimmerleute, Dachdecker, Maler, Trockenbauer, Verputzer, Fensterbauer, Türenmonteur, Installateure, Bodenleger (Parkett, Teppich, Laminat), Fliesenleger (innen und außen getrennt), Gartenbauer.

Die Auswahl der Bauhandwerker erfolgte ebenfalls durch den Architekten nach Ausschreibung der Baumaßnahme und Einholung der Firmenangebote. Das entscheidende Kriterium waren an erster Stelle die Kosten, an zweiter aber auch der Name und die Bekanntheit des Unternehmens.

Baustoffströme

Der größte Teil der Baugrundsubstanz konnte erhalten bleiben (Wände, Böden, Dach). Entscheidend war der Zustand der Substanz und die Position am Gebäude. So wurden die alten, aus Steinzeug bestehenden Rohrleitungen durch Kunststoff-Fabrikate und nicht zu erhaltende Ziegelwände durch Betonwände ersetzt. Die Fassade behielt bei der Modernisierung aus Gestaltungsgründen und wegen ihres Erhaltungswertes ihr ursprüngliches Erscheinungsbild. Die entfernten Baustoffe ließen sich nicht wiederverwenden und wurden auf der Deponie oder in der Müllverbrennungsanlage entsorgt. Die Entsorgung wurde zum Teil von den einzelnen Gewerken übernommen (Entsorgungspflichten), zum Teil durch die Bauleitung veranlaßt. Dabei wurde auf getrennte und sortenreine Entsorgung in bereitgestellten Containern geachtet.

Bei der Auswahl neuer Materialien spielten Gestaltung, gesundheitliche Unbedenklichkeit und Kosten die größte Rolle. Des weiteren wurde auf Wirtschaftlichkeit und ökologische Qualität geachtet. Diese Kriterien flossen bei der Auswahl der Firmenangebote durch den Architekten ein. Die endgültige Auswahl erfolgte durch den Bauherrn, nicht zuletzt unter Berücksichtigung seines persönlichen Geschmacks.

Wärmedämmung, Schallschutz und Heizungstechnik

Vor der Modernisierung des Hauses existierte keine Wärmedämmung. Die zahlreichen Wärmebrücken wurden nicht einzeln erfaßt, da in allen Teilen des Gebäudes eine umfangreiche Wärmedämmung durchgeführt wurde. Der ausgebaute Dachstuhl wurde mit Zellulose isoliert und mit Gipskartonplatten verkleidet. Die Außenwanddämmung besteht aus Hartschaumplatten und normalem mineralischen Putz (kein Isolierputz). Bei der Auswahl der Dämmaterialien ist die Wärmeschutzverordnung (Stand 1995) vom Architekten berücksichtigt worden.

Einen Beitrag zum Schallschutz und zur energetischen Verbesserung lieferten die neuen Fenster. Es wurden erneut Holzrahmen, diesmal aber mit Gummidichtungen, eingesetzt sowie eine Wärmeschutzverglasung mit einen k-Wert von 1,3.

Zur energetischen Beurteilung des Gebäudes wurden Energiekennwerte ermittelt. Die bisherigen Heizanlagen (Gasheizung im Parterre und Kohleöfen im übrigen Haus) wurden gegen einen Brennwertkessel ausgetauscht. Der Vorschlag des Architekten und des Energieberaters, die Warmwasserbereitung ebenfalls über den Heizkessel laufen zu lassen, wurde vom Bauherrn zugunsten dezentraler elektrischer Warmwassergeräte abgelehnt. Eine solare Strom- und Warmwasserversorgung wurde aufgrund zu geringer Dachfläche und zu starker Abschattung des Gebäudes durch Bäume von vornherein ausgeschlossen.

Die Wirksamkeit der konkreten Maßnahmen, sowohl der Wärmedämmung als auch des Brennwertkessels, ließ sich schon nach kurzer Zeit anhand der Energiekostenabrechnung nachweisen.

Akteurskooperationen

Die Kommunikation zwischen den Beteiligten kann in dem Fallbeispiel als intensiv bezeichnet werden. Die Abstimmung mit den Handwerkern lief über den Architekten. Die Häufigkeit und Regelmäßigkeit der Kommunikation hing eng mit der Tatsache zusammen, daß sich Architekt und Handwerker persönlich kannten. Bei Problemen oder Konflikten wurde das direkte Gespräch gesucht. Vorschläge von seiten der Handwerker wurden geprüft und größtenteils übernommen. Zwischen dem Architekten und dem Bauherrn fand ein täglicher Austausch statt.

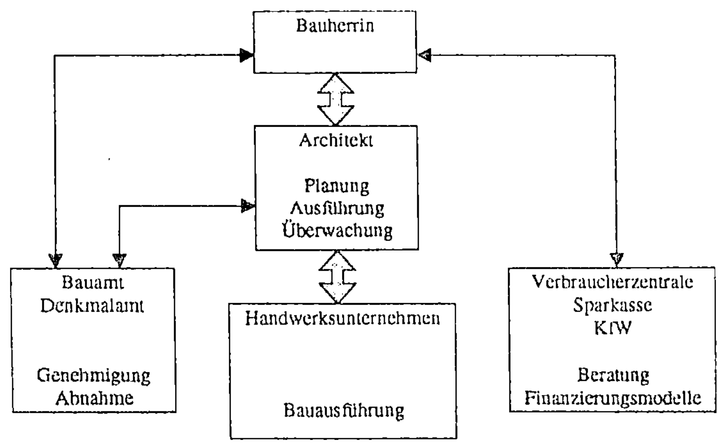

Abb. 1: Akteursbeziehungen bei der Modernisierung eines Einfamilienhauses

Bei der heizungstechnischen Neuerung konnte auf die Beratung durch die Verbraucherzentrale zurückgegriffen werden. Die Ermittlung der technischen Möglichkeiten (Aufstellungsort, Anschlüsse) sowie die finanziellen Berechnungen (Investitions-, Verbrauchskosten, Wirtschaftlichkeit) führte der zuständige Energieberater der Verbraucherzentrale in Bonn zusammen mit dem Hausbesitzer durch.

Weitere beteiligte Akteure waren zwei Finanzierungsinstitute, die Fördermittel zur Verfügung stellten – die Sparkasse mit dem Sonderkreditprogramm „Umwelt" und die Kreditanstalt für Wiederaufbau im Rahmen des CO_2-Kreditprogramms – sowie das Bauamt, das die Baugenehmigung erteilte und die Bauabnahme durchführte. An das Denkmalschutzamt erfolgte lediglich eine Anfrage; da kein Denkmalschutz bestand, war dieses Amt nicht weiter involviert.

Fazit

Das untersuchte Fallbeispiel zeichnet sich durch eine gesamthafte Planung und eine umfassende Akteurskooperation aus. Es wurde auch ein neutraler Berater herangezogen. Ökologische Kriterien spielten insbesondere hinsichtlich energiesparender Maßnahmen eine Rolle; lediglich die Anregung einer zentralen Warmwasserbereitung wurde vom Bauherrn nicht aufgegriffen.

Das Fallbeispiel ist typisch für eine grundlegende Modernisierung, bei der ein Architekt eingeschaltet und der Bauherr grundsätzlich für ökologische Gesichtspunkte aufgeschlossen ist. Ein Architekt kann von sich aus kaum einen Bauherrn umstimmen. Eine weitere wesentliche Voraussetzung dafür, daß nicht nur Kosten- und Wirtschaftlichkeitsgesichtspunkte eine Rolle spielen, sind ausreichende finanzielle Möglichkeiten der Bauherren. Der beteiligte Architekt hält es grundsätzlich für dringend erforderlich, daß auf der Basis der Kostenvoranschläge, die von den einzelnen Gewerken geliefert werden, vorab ein genaues Finanzierungskonzept erstellt wird, das auch Luft für nicht unbedingt vorhersehbare Posten enthält. Ansonsten kann es leicht geschehen, daß ökologische Gesichtspunkte in den Hintergrund treten.

Die Auswahl der Materialien kann nach den Erfahrungen des Architekten nur bis zu einem gewissen Grad im Vorfeld festgelegt werden. Sie muß gegebenenfalls den konstruktiven Anforderungen angepaßt werden.

Als wesentlich für die richtige Ausführung von Maßnahmen hat sich auch die Bauleitung erwiesen, die in dem Fallbeispiel sehr sorgfältig erfolgte. Generell wird es auch für notwendig gehalten, bei Unzufriedenheit die betroffene ausführende Firma wechseln zu können.

Das Fallbeispiel repräsentiert nicht Modernisierungsvorhaben, die nur einzelne Bauteile umfassen und von den Eigentümern in Eigenregie oder Eigenleistung durchgeführt werden. In beiden Fällen bestimmen die Bauherren weitgehend die Entscheidungsprozesse und damit z. B. auch die Baustoffwahl und die Realisierung energiesparender Maßnahmen. Jedoch werden die systemare Planung, die Bauüberwachung und die fachliche Kommunikation mit den Handwerkern bei der Gesamtkoordination durch einen Architekten erleichtert, falls er diese Aufgaben gewissenhaft wahrnimmt.

Über die Größenordnung der Anteile, die auf die jeweiligen Rahmenbedingungen – Gesamtplanung, Koordination durch Architekten, Bauleitung, Eigenregie, Eigenleistungen etc. – entfallen, sind keine empirischen Daten verfügbar. Einige Hinweise können aus einer Befragung entnommen werden, die sich an ökologisch interessierte private Eigentümer – Teilnehmer an einem Volkshochschulkurs über energiesparende Modernisierung – richtete (Gruber u. a. 1997). Demnach beteiligen knapp 40 % der Befragten einen Architekten, 84 % einzelne Gewerke und 5 % keine Baufachleute an ihrem Vorhaben. Zwei Drittel der Eigentümer erbringen mehr als 15 % der anfallenden Arbeiten in Eigenleistung. 67 % gaben an, daß die

Wärmeschutzverordnung für ihr Vorhaben relevant sei und sie fast alle wärmedämmende Maßnahmen an Außenwänden, Dach oder Fenstern durchführen. 80 % der Befragten achten darauf, daß ökologische Baustoffe eingesetzt werden.

2.3 Städtische Wohnungsbaugesellschaft

Die Baugesellschaft „Grund und Boden" wurde 1936 von Privatleuten gegründet (Grund und Boden 1996). Bereits kurz nach der Gründung bestand eine enge Verbindung zu städtischen Wohnungsbaugesellschaften. Bis 1939 wurden einige Wohn- und Geschäftshäuser in der Kölner Altstadt gebaut. Außerdem wurden in Auftrag der Stadt Schulbauten errichtet.

Nach dem Krieg hat die „Grund und Boden" hauptsächlich den Wiederaufbau der zerstörten Häuser und den Bau von Notunterkünften betrieben. In den 50er Jahren wurden in großer Anzahl Einfachstwohnungen, sogenannte Laubenganghäuser, errichtet. 1960 übernahm die Stadt Köln die Gesellschaft, und sie wurde damit zu einem kommunalen Wohnungsbauunternehmen. Die Stadt erhöhte das Stammkapital, so daß die Gesellschaft auf dieser finanziellen Grundlage und mit Wohnungsbaufördermitteln sowohl Sanierungen als auch Neubauten vorwiegend im öffentlich geförderten sozialen Wohnungsbau realisiert hat. Es wurden aber auch Altenwohnungen, gewerbliche Bauten und soziale Einrichtungen, wie z. B. Kindertagesstätten, erbaut. Diese Baumaßnahmen erfolgten zum Teil in enger Zusammenarbeit mit sozialen Dienststellen der Stadtverwaltung, der Arbeiterwohlfahrt und dem Roten Kreuz zur Fürsorge für soziale Randgruppen aller Art. In den 70er Jahren wurden die „Grund und Boden Baubetreuung" und die „Grund und Boden Treuhand" als Tochterunternehmen gegründet.

Die Baugesellschaft „Grund und Boden" wirkte in den letzten Jahren hauptsächlich bei Stadtteilsanierungen mit und erneuerte sukzessive von Grund auf ihre Nachkriegsgebäude oder ersetzte diese durch Neubauten.

Der heutige Wohnungsbestand liegt bei ca. 14.000 Wohnungen. Es handelt sich um eines der größten im sozialen Wohnungsbau tätigen Unternehmen in Nordrhein-Westfalen. In Zukunft wird die „Grund und Boden" mit einer städtischen gemeinnützigen Aktiengesellschaft für Wohnungsbau in eine Holding-Gesellschaft eingebracht.

Auslöser für Modernisierungen

Zur Untersuchung der Entscheidungsprozessse bei der Modernisierung wurde für die Fallstudie die Sanierungsmaßnahme Köln-Mühlheim-Nord ausgewählt. Die Sanierung wurde aufgrund eines Beschlusses des Rates der Stadt Köln von der „Grund und Boden Baubetreuung" als Sanierungstreuhänder der Stadt Köln im Rahmen der Stadterneuerung durchgeführt.

Mühlheim-Nord ist ein Wohnquartier aus dem späten 19. Jahrhundert, das eine Mischung aus Fabriken, Arbeiterwohnungen und Bürgerhäusern aufweist. Durch die Zunahme des Verkehrs, die gestiegenen Wohnansprüche und die Stillegung alter Fabrikanlagen und damit den Verlust von Arbeitsplätzen ist mit den Jahren ein erhebliches Konfliktpotential einschließlich sozialer Brennpunkte entstanden. Dies führte dazu, daß das Quartier 1981 zum Sanierungsgebiet erklärt wurde. Dadurch traten bodenrechtliche Sonderbestimmungen in Kraft, die besagten, daß sowohl der Verkauf, die Belastung oder die Umnutzung von Grundstücken als auch die Verlängerung von befristeten Mietverträgen im Sanierungsgebiet von der Stadt genehmigt werden mußten. Bei Veräußerungen hatte die Stadt ein Vorkaufsrecht. Hausbesitzer konnten mit der Stadt Modernisierungsverträge abschließen.

Es handelte sich zu der Zeit um das größte zusammenhängende Sanierungsgebiet in Deutschland. Neben 265 Wohneinheiten gehörten auch 17 Gewerbeeinheiten und elf unbebaute Grundstücke zu der Maßnahme.

Neben dem städtebaulichen Entwicklungskonzept wurden einzelne Blockkonzepte erstellt, welche die Rahmenbedingungen für die Sanierung der einzelnen Häuserblocks beschrieben. Die Maßnahme wurde schrittweise von 1988 bis 1997 realisiert. Nach Beendigung der Maßnahme wurden die Objekte zum Teil weiterveräußert. 1989/90 wurde das sozialgewerbliche Selbsthilfezentrum „MÜTZE" errichtet. Mittlerweile hat der Stadtteil Köln-Mühlheim, auch infolge dieser Sanierung, deutlich an Reiz gewonnen.

In den Interviews mit Akteuren, die an den Entscheidungsprozessen beteiligt waren, wurde die Sanierung der Häuser an der Keupstraße näher betrachtet. Die alten Arbeiterhäuser sind vor der Jahrhundertwende errichtet worden. Die Wohnungen waren inzwischen für die Mieter, größtenteils Familien mit mehreren Kindern, bei einer durchschnittlichen Wohnungsgröße von 45 m² zu klein und entsprachen in der Ausstattung nicht mehr dem heutigen Wohnungsstandard. Dies führte schließlich zu Schwierigkeiten bei der Vermietung.

Der Auslöser der Baumaßnahme an der Keupstraße waren nicht nur Bauschäden, sondern auch die städtebauliche Entscheidung, den gesamten Häuserblock zu sanieren, spielte eine Rolle. Zum Teil befanden sich die Gebäude bereits in städtischem Eigentum. Sie wurden an die „Grund und Boden" übereignet. Der Rest gehörte Privatpersonen, die finanziell nicht in der Lage waren, die Gebäude zu sanieren. Diese Gebäude wurden ebenfalls von der „Grund und Boden" erworben. Ziel der Sanierung war der Erhalt billigen Wohnraumes speziell für

Familien. Energieeinsparung hatte nur eine geringe Bedeutung bei den Sanierungsüberlegungen.

Zustand vor der Modernisierung

Bei den Gebäuden handelt es sich um 13 jeweils viergeschossige Arbeiterwohnungen von 1870. Die Häuser stehen unter Denkmalschutz. Sie hatten sehr kleine Wohnungen, deshalb wurden je zwei Wohnungen im Erdgeschoß und im 1. Obergeschoß zweier nebeneinander liegender Häuser etagenweise verbunden. Das 2. Obergeschoß und das Dachgeschoß wurden je Haus ebenfalls zusammengefaßt. Dazu wurden die Dachgeschosse ausgebaut, soweit dies noch nicht früher geschehen war. Dadurch wurde die Anzahl der Wohnungen von 50 auf 30 verringert. Die neuen Wohnungen bestehen aus drei Zimmern, Küche, Diele, Bad und haben Wohnflächen von 63–75 m².

Früher befanden sich die sanitären Anlagen in einem separaten Häuschen im Hof oder im Treppenhaus zwischen den Etagen. Es gab nur eine einzelne Wasserentnahmestelle in der Küche. Bei der Sanierung wurden die Wohnungen mit Bädern ausgestattet. Die Kohleeinzelöfen wurden durch eine Zentralheizung ersetzt.

Die Gebäude bestanden vor der Sanierung aus 40–45 cm starken Ziegelwänden, die zur Straße und zum Hof unverputzt waren. Die Fenster hatten Einscheibenverglasung, und die Etagen waren durch Holzbalkendecken getrennt. Eine Wärmedämmung war nicht vorhanden. Durch undichte Dächer und Fenster waren Feuchteschäden entstanden.

Während der Sanierungsmaßnahme wurden die Mieter nach und nach in einem anderen Gebäude untergebracht.

Durchgeführte Maßnahmen

Zunächst wurde eine Altlastenuntersuchung im Hinblick auf die vorhandenen Bauschäden vorgenommen. Insbesondere waren dies Wasserschäden, die teilweise eine Erneuerung der Holzbalkendecken erforderlich machten. Außerdem wurden die Außenwände im Kellerbereich abgedichtet. Das Sichtmauerwerk der Außenwände wurde ebenfalls saniert.

Die Dächer wurden komplett neu eingedeckt, einschließlich der Erneuerung aller Anschlüsse. Die Dachgeschosse wurden ausgebaut; dabei wurden die Dächer mit Mineral- oder Glasfaserwolle gedämmt und Dachfenster eingebaut.

Es erfolgte eine Erneuerung der Fenster mit Isolierverglasung und Holzrahmen, außerdem eine Dämmung der Kellerdecken. Eine weitere Wärmedämmung an den Außenwänden wurde aus Gründen des Denkmalschutzes nicht durchgeführt.

Zur Wärmeversorgung wurde eine Zentralheizung eingebaut, die Heizkörper erhielten Thermostatventile. Für die Warmwasserbereitung wurden elektrische Durchlauferhitzer in den – neu eingebauten – Badezimmern installiert.

Weitere Maßnahmen waren die Erneuerung der Elektroinstallationen, Bodenbeläge aus Linoleum und der Einbau einer Gegensprechanlage.

Die gut erhaltenen und optisch attraktiven Haus- und Wohnungstüren sowie die Holzverkleidung des Treppenhauses wurden belassen; sie wurden nur ausgebessert und aufgefrischt.

Im Umfeld wurden die sozialen Infrastruktureinrichtungen verbessert und Grünflächen im Hinterhof geschaffen; außerdem wurde für Verkehrsberuhigung gesorgt.

Kooperationen

An der Sanierung waren zahlreiche Akteure beteiligt:

- Architekten der Sanierungsabteilung der Gesellschaft
- zwei Sozialarbeiter der Gesellschaft
- ein Sozialarbeiter der Stadt
- Amt für Stadtsanierung und Baukoordination
- Stadtkonservator
- Bauphysiker
- Statiker
- Heizungsfachfirma
- Elektrofirma
- ein Architektur- und Planungsbüro
- Handwerker zahlreicher Gewerke.

Die Akteure und ihre Beziehungen untereinander zeigt Abbildung 2.

Ein wichtiger Gesichtspunkt war, daß die Mieter durch die Sanierung nicht verdrängt wurden. Die Sozialarbeiter haben deshalb intensive Gespräche mit den Mietern geführt. Dabei wurde sowohl nach der Finanzkraft als auch nach der Entwicklung der Familiengröße gefragt, um sicherzustellen, daß die Mieter nach der Sanierung in die Häuser zurückkehren konnten.

Es wurde ein Sanierungsbeirat eingerichtet, der während der gesamten Sanierungsphase und auch danach regelmäßig in öffentlicher Sitzung tagte. Die Mieter und Hauseigentümer wurden mittels Faltblätter, zum Teil auch in türkischer Sprache, über die Sanierungsmaßnahme informiert (Faltblätter „Stadterneuerung" o. J.). Zusätzlich wurde ein Sanierungsbüro direkt vor Ort eingerichtet.

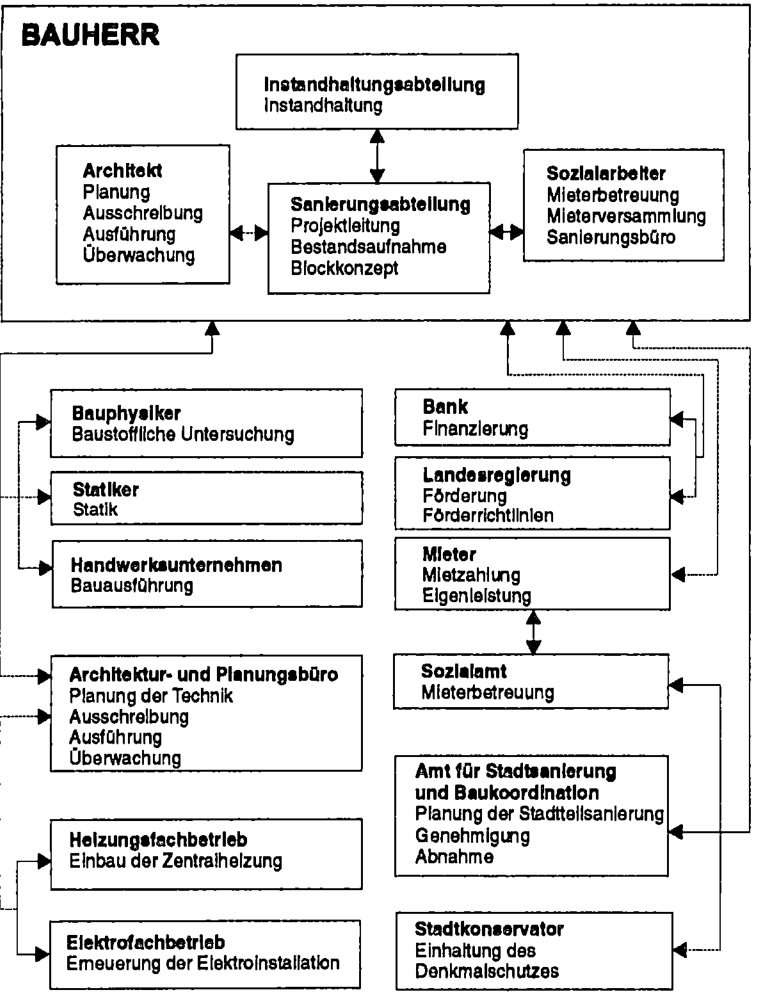

Abb. 2: Akteursbeziehungen bei der Sanierung eines Arbeiterhauses im Rahmen einer Stadtteilsanierung

Die Mieter waren zu 90-95 % ausländische Mitbürger, überwiegend türkischer Herkunft. Sie wurden mit Unterstützung durch drei Sozialarbeiter auf die Sanierung vorbereitet und während der Maßnahmen begleitet. Das Baubüro mit Ansprechpartnern wurde direkt in das Sanierungsgebiet verlegt. Zum Teil hatten die Mieter Mitspracherecht bei der Grundrißplanung. Dies hat sich aber im Nachhinein als Nachteil erwiesen, da die Mieter mit dem Ergebnis teilweise unzufrieden waren oder die Lösungen so speziell waren, daß eine spätere Weitervermietung nur schwer möglich war. Außerdem fehlte bei den Mietern Grundwissen über die Rahmenbedingungen, wie z. B. die Anordnung der Steigleitungen. Die besten Erfahrungen wurden gemacht, als man den Mietern zwei bis drei Grundrisse zur Auswahl anbot.

Wie bei anderen Sanierungen der „Grund und Boden" wurde auch hier mit jungen Architektur- und Planungsbüros zusammengearbeitet. Für ältere Büros sind solche Sanierungsmaßnahmen häufig unattraktiv, da die Verdienstmöglichkeiten gering sind. Im Vergleich zu Neubaumaßnahmen kommt ein erhöhter Arbeitsaufwand bei der Planung auf die Büros zu.

Die Baustoffauswahl wurde von der „Grund und Boden" getroffen. Sie ließ sich dabei aber maßgeblich von den Architekten, Fachplanern, Dachdeckern und zum Teil von Baufirmen und Malern beraten. Informationen aus der Fachliteratur wurden zusätzlich herangezogen; sie hatten einen höheren Stellenwert als beispielsweise Prüfzertifikate.

Nach Abschluß der Sanierungsmaßnahmen konnten kleinere Arbeiten wie Anstrich, Fassadenbegrünung und Hofbepflanzung von den Mietern zum Teil in Eigenleistung übernommen werden.

Ökologische Gesichtspunkte spielten bei der untersuchten Sanierung eine geringe Rolle. Für ein Haus in einem anderen Wohnblock der „Grund und Boden" wurde ein Pilotprojekt zur ökologischen Altbausanierung initiiert. Dabei wurde im wesentlichen die Verwendung von unbedenklichen Materialien bei Rohren, Kabeln, Anstrichen, Abdichtungen, Dämmungen und Putz vorgeschlagen. Weiterhin war der Bau einer thermischen Solaranlage und einer Anlage zur Regenwassernutzung für die Hinterhofbewässerung geplant. Die Studie wurde jedoch nicht umgesetzt, da keine Finanzierungsmöglichkeit durch die Stadt oder das Land Nordrhein-Westfalen bestand. Auch seitens der Geschäftsführung und der Stadtverwaltung wurde dieses Vorhaben wenig unterstützt. Von der „Grund und Boden" wurde bei dem Interview geäußert, daß eine Umsetzung wahrscheinlich gewesen wäre, wenn man frühzeitig von Fördermöglichkeiten gewußt hätte und die Beantragung zügig hätte erfolgen können.

Die Nachfrage nach ökologischen Baustoffen nimmt aber nach Ansicht des Projektleiters der Sanierung insgesamt zu. Allerdings werden diese Baustoffe häufig noch als zu teuer angesehen. Zudem besteht gerade bei Kleb- und Füllstoffen eine große Unsicherheit bezüglich der Funktionalität und Haltbarkeit. Häufig kommen Zweifel auf, ob die Werkstoffe auch das halten, was die Hersteller versprechen.

Bei der Dämmstoffauswahl spielen Kenntnisdefizite, negatives Image einzelner Dämmstoffe oder die Befürchtung von Bauschäden keine Rolle. Problematisch ist eher die Miethöhenbegrenzung und der mangelnde Anreiz seitens des Investors zur Energieeinsparung. Wichtig sind niedrige Kosten, Haltbarkeit, keine Belastung durch Schadstoffe und gute Verarbeitungsmöglichkeiten.

Ihre Informationen über Dämmstoffe hält die Fachabteilung der „Grund und Boden" für ausreichend. Allerdings wurden Informationsdefizite bei Fachfirmen und Mietern beobachtet. Manchmal würde sich der Projektleiter für Sanierungen mehr Experimentierfreudigkeit der Baubeteiligten wünschen. Speziell bei den Mietern der Objekte wurde eine geringe Sensibilisierung bezüglich des Umweltschutzes beobachtet. So führen sie z. B. aus ihren Heimatländern Pflanzenschutzmittel ein, die in Deutschland verboten sind.

Energetische Beurteilung

Wegen des Denkmalschutzes konnte keine Außendämmung auf der Straßenseite vorgenommen werden. Da die Grundflächen der Wohnungen klein sind, wurde auf eine Innendämmung ebenfalls verzichtet. Es wurde betont, daß man mittlerweile Erfahrung mit dem Einbau von Innendämmungen gesammelt hat. Insgesamt wird diese Art der Dämmung aber eher als bauphysikalisch bedenklich eingeschätzt. Bei der Sanierungsmaßnahme hat man sich deshalb auf die Dämmung der Kellerdecke und des Daches beschränkt. Die Wahl der Dämmstoffart hing von den Empfehlungen der Planer, des Bauphysikers und des Architekten ab. Die Fenster wurden durch Isolierglasscheiben ersetzt. Wärmeschutzverglasung wurde nicht in Erwägung gezogen. Insgesamt bleibt die Sanierungsmaßnahme hinter den Vorgaben, welche die Wärmeschutzverordnung vorgibt, zurück.

Stoffströme

Die Baustoffwahl wurde in erster Linie von den Investitionskosten abhängig gemacht. Aber auch eine lange Lebensdauer und geringe Kosten während der Nutzung waren Entscheidungskriterien.

Die Grundrißänderungen beschränken sich im wesentlichen auf Mauerdurchbrüche für Verbindungstüren. Zusätzlich wurden einige Gipskartonwände eingezogen, um z. B. Bäder einzubauen.

Bei der Heizung wurde auf Funktionalität und praktische Handhabung beim Einbau und bei der Nutzung geachtet. Die Steigleitungen von Wasser und Heizung sowie die Elektroinstallation wurde komplett erneuert. Die Einzelöfen wurden entsorgt.

Bei den Umbaumaßnahmen wurde auf die Verwendung von Tropenholz und PVC verzichtet. Dies geschah hauptsächlich aufgrund von Vorgaben der Stadtverwaltung. Beim Putz wurde mineralischen Putzen der Vorzug gegenüber Putz mit Kunststoff gegeben. Auch wurden optische und ästhetische Gesichtspunkte berücksichtigt.

Teilweise wurden alte Türen aufgearbeitet und wiederverwendet. Sie zeichnen sich allerdings häufig durch Undichtigkeiten aus. Das Treppenhaus aus Holz wurde lediglich aufgearbeitet.

Auf Wiederverwendbarkeit oder Recyclingfähigkeit der Materialien wurde nicht geachtet.

Die Entsorgung der Abfallstoffe bzw. die Abfallvermeidung wurde den Fachfirmen überlassen. Der Abfall wurde sortiert, weil die Entsorgung dadurch deutlich preiswerter war. Soweit bei der Voruntersuchung Schadstoffe festgestellt wurden, war der Entsorgungsweg vorgegeben und der Entsorgungsnachweis wurde kontrolliert.

Fazit

Bei der Sanierung der Keupstraße stand der Erhalt von billigem Wohnraum im Vordergrund. Zusätzlich war aus Gründen des Denkmalschutzes die Anbringung von Außendämmung nicht möglich.

Besonders schwierig war es für den Bauherrn, die unterschiedlichsten Interessen unter einen Hut zu bringen, da technische, soziale und wirtschaftliche Rahmenbedingungen berücksichtigt werden mußten. Dies hängt auch damit zusammen, daß die Maßnahmen im Rahmen einer großangelegten Stadtteilerneuerung durchgeführt wurden.

Ein ökologisches Sanierungskonzept wurde nicht umgesetzt, da es aus der Sicht des Bauherrn nicht finanzierbar war. Auch die Recyclingfähigkeit einzelner Baustoffe wurde bei der Sanierung nicht berücksichtigt.

Die Mieter werden bei Sanierungsmaßnahmen grundsätzlich einbezogen. Da es sich bei den Mietern aber in den seltensten Fällen um Baufachleute handelt, hat die Kölner Gesellschaft schlechte Erfahrungen z. B. mit der freien Wahl des Wohnungsgrundrisses gemacht. Die Wahlmöglichkeiten wurden deshalb eingeschränkt.

Die Zusammenarbeit mit den Fachfirmen wird im allgemeinen als gut bezeichnet. Der Bauherr vertraut auf die Kompetenz der Einzelunternehmen im Umgang und in der Auswahl der Baumaterialien.

Wichtigstes Auswahlkriterium bei der Baustoffwahl ist immer der Preis, d. h. die Wirtschaftlichkeit der Sanierungsmaßnahme. Man hätte eventuell noch mehr für den Wärmeschutz getan, wenn man besser über mögliche Förderprogramme und deren Beantragung gewußt hätte.

Die Entsorgung der Abfälle wird in der Regel den ausführenden Firmen überlassen. Fallen Schadstoffe an, so werden die Entsorgungsnachweise von den Bauherren kontrolliert.

Die Informationen über die einzelnen Baustoffe werden als ausreichend beurteilt. In den Interviews konnte man allerdings den Eindruck gewinnen, daß bestimmte Materialien, mit denen gute oder zumindest keine schlechten Erfahrungen gemacht wurden, von den Firmen, welche die Entscheidung bezüglich der Baustoffauswahl treffen, immer wieder verwendet werden. Das gleiche gilt auch in bezug auf die Ausführung von Dämmaßnahmen. Neuentwicklungen haben es deshalb schwer, am Markt Fuß zu fassen.

2.4 Plattenbau in den neuen Bundesländern

Plattenbauten (industriell errichtete Gebäude) sind in der ehemaligen DDR zwischen 1955 und 1990 zuerst in einfacher mauerwerksähnlicher Blockbauweise und später als Zwei- bzw. Dreischichtenplatte errichtet worden. Sie weisen hohe Energieverbräuche auf, die sowohl auf schlechte Wärmedämmung als auch auf die schlechte Regelbarkeit der Heizungsanlage zurückzuführen sind. Die Qualität der verwendeten Baumaterialien ist stark vom Baujahr abhängig. So hat in den 80er Jahren Materialknappheit zu einer besonders schlechten Qualität der Bauteile geführt, so daß diese Gebäude zum Teil bereits einen größeren Sanierungsbedarf aufweisen als ältere Häuser.

Insgesamt sind in den letzten Jahren mehrere wissenschaftliche Untersuchungen über energiesparende Sanierungsmöglichkeiten von Plattenbauten durchgeführt worden (Kerschberger 1995; 1998), so daß an dieser Stelle auf grundsätzliche Probleme und Lösungen nicht weiter eingegangen wird.

80 % der Plattenbauten bestehen aus vier- bis sechsgeschossigen Wohngebäuden. Die Eigentümer sind heute zum überwiegenden Teil kommunale Gesellschaften und Genossenschaften.

Bei der Wohnungsbaugesellschaft, die für die Fallstudie ausgewählt wurde, handelt es sich um ein kommunales Unternehmen in der Nähe von Berlin. Es ist 1990 durch Privatisierung als Ausgliederung aus der kommunalen Wohnungswirtschaft entstanden. Die Gesellschaft betreut Sanierungen, führt aber auch Instandhaltung und Immobilienverwaltung durch. Das ursprüngliche Unternehmen stammt aus dem Anfang der 60er Jahre. Zusammen mit der Energiewirtschaft wurde der soziale Wohnungsbau in der früheren DDR vorangetrieben, als damit begonnen wurde, größere Wohngebäude mit Zentralheizung auszustatten. Gesellschafter der GmbH ist zu 100 % die Stadt. Die Gesellschaft besitzt ca. 17.000 Wohneinheiten und ist einer der größten Vermieter der Stadt. Überwiegend handelt es sich um Plattenbauten. Ältere Gebäude mit Mauerwerk (3.000 bis 4.000 Wohneinheiten) werden häufig nach der Sanierung weiter veräußert. Der Grund ist der Verwaltungsaufwand für diese Gebäude. Er ist erheblich höher, da die Mauerwerksbauten in der ganzen Stadt verteilt sind.

Zusätzlich verfügt die Gesellschaft noch über eine Tochter, die Gebäude verwaltet, für die Rückübereignungsansprüche gestellt wurden. Sind die Ansprüche unbegründet, werden die Immobilien an die Muttergesellschaft rückübereignet. Somit schwankt die Anzahl der Wohneinheiten. Bei diesen Gebäuden mit ungeklärten Besitzverhältnissen handelt es sich vornehmlich um Altimmobilien und nicht um Plattenbauten.

Die Mieterstruktur ist sehr inhomogen, während die Grundrisse der Wohnungen häufig identisch sind. Die Gebäude werden überwiegend mit Fernwärme geheizt. Vereinzelt gibt es auch noch Einzelöfen bei Gebäuden in Blockbauweise.

Bisher wurden keine Plattenbauten abgerissen. Auch Änderungen an dem Zuschnitt der Wohnungen wurden bisher nicht vorgenommen.

Für diese Untersuchung wurde eine typische Sanierung eines dreiteiligen, fünfgeschossigen Wohnhauses näher betrachtet. Es handelt sich um eine „IW-75-Platte Halle/Potsdam" aus dem Jahr 1979 mit einer Gesamtwohnfläche von knapp

7.000 m². Der erste Wohnblock enthält 50 Wohneinheiten mit je drei Räumen (61 m²). Der zweite Block umfaßt 30 Wohneinheiten ebenfalls mit überwiegend Dreiraumwohnungen und vier Vierraumwohnungen (78 m²). Der dritte Block ist identisch mit dem zweiten Block.

Auslöser für Modernisierungen

Durch die Bauweise und die fehlende Instandhaltung hat sich bei den Plattenbauten ein riesiger Sanierungsstau gebildet. Dadurch werden vornehmlich diejenigen Plattenbautypen saniert, für die Fördergelder zur Verfügung stehen. In dieser Stadt hängt die Sanierung zum Teil von dem Standort der Liegenschaft ab. So haben derzeit diejenigen Gebäude besonders gute Förderchancen, die in Sichtweite eines zukünftigen Gartenschau-Geländes liegen.

Daneben gibt es weitere Kriterien für die Sanierung, wie z. B. Mieterschwund, Bauschäden und Beschwerden der Mieter. Für die Sanierungsplanung führt die Baugesellschaft innerbetriebliche Bestandsanalysen durch. Sie dienen zur Auswahl der Gebäude, die in dem Jahresplan für die Sanierung vorgesehen werden. Regelmäßige Instandhaltungszyklen gibt es bisher nicht, da erst der Sanierungsstau abgearbeitet werden muß.

Energieeinsparmaßnahmen finden bei den Modernisierungen keine besondere Beachtung. Vielmehr sind betriebswirtschaftliche Überlegungen für die Wahl des Materials und z. B. der Dämmstoffdicke ausschlaggebend.

Ist-Zustand vor der Modernisierung

Das Gebäude aus dem Jahre 1979 ist fünfgeschossig und wurde in Großtafelbauweise errichtet. Die Seitenwände bestehen aus

Zweischichtplatte, die Giebelwände aus Dreischichtplatte. Die Zweischichtplatte besteht aus einem Leichtbetonkern (Tragschale) mit innen- und außenseitiger Schwerbetonschicht (Wetterschale). Bei der Dreischichtplatte befindet sich eine Dämmschicht aus 3–5 cm Polystyrol zwischen der Trag- und der äußeren Wetterschale.

Bei dem Dach handelt es sich um ein für diese Bauart typisches „Schmetterlingsdach", das mit ca. 8 cm Dämmung versehen ist.

Einer der drei Wohnblöcke verfügt über einen Fernwärmeanschluß. Von dort wird die Wärme in die drei anderen Blöcke verteilt.

Die Bäder sind bei diesem Bautyp innenliegend und haben eine Schwerkraftlüftung („Meidinger Scheibe"). Durch Dämmmaßnahmen kann es in solchen Räumen zu Schwitzwasser kommen.

Durchgeführte Maßnahmen

An der Außenhaut des Gebäudes wurden folgende Modernisierungsmaßnahmen vorgenommen:

- Anbringung einer Thermohaut auf die Außenfassade, wobei bei der Zweischichtplatte eine Dämmstärke von 8 cm Polystyrol und bei der Dreischichtplatte eine Dämmstärke von 6 cm verwendet wurde sowie Perimeterdämmung im Kellerbereich,
- Neueindeckung des Daches und zusätzliche Dämmung des Daches und des Drempels von innen bis zu einer Gesamtdämmstärke von 16 cm,
- Einbau von Fenstern mit Isolierverglasung, Kunststoffrahmen und Lüftungsöffnung (auch bei den Kellerfenstern) sowie

- Erneuerung der Haus- und Wohnungseingangstüren und Ausstattung der Eingangsbereiche mit Vordächern.

Auf die Dämmung der Kellerdecke wurde – wie üblicherweise bei der Sanierung solcher Gebäude – verzichtet, weil dies wegen der Versorgungsleitungen schwierig ist. Bei den Plattenbauten hat die Wohnungsbaugesellschaft statt dessen gute Erfahrungen mit einer Perimeterdämmung gemacht, da im Außenwandbereich der Keller häufig sowieso eine Sanierung wegen Alkali-Kieselsäure-Reaktionen notwendig ist.

Im Bereich des Heizungssystems wurden folgende Maßnahmen durchgeführt:

- Erneuerung der Versorgungsleitungen (außer den Heizungsrohren; sowohl Einrohr- als auch Zweirohrsysteme wurden beibehalten),
- Austausch der Heizkörper und Einbau von Thermostatventilen sowie
- Erneuerung der Fernwärmeübergabestation.

Ferner wurden die elektrischen Leitungen in Bad und Küche erneuert sowie zusätzliche Steckdosen und ein Waschmaschinenanschluß eingebaut. Die Innenausstattung der Badezimmer wurde erneuert, wobei die Mieter einige Wahlmöglichkeiten bezüglich der Ausstattung hatten. Die Küchen wurden neu mit Waschbecken, Armaturen und Elektroherden ausgestattet, wenn sie Bestandteil der Wohnung waren und die Mieter sie nicht durch eigene Küchen ersetzt hatten. In den Bädern wurden mechanische Abluftanlagen installiert, und zwar mit je einem Ventilator pro Bad, der immer mit niedriger Drehzahl in Betrieb ist, die vom Mieter kurzzeitig erhöht werden kann.

Schließlich wurden die Treppenhäuser ausgebessert; zusätzliche Rauchabzugsöffnungen wurden eingebaut, um Brandschutzauflagen einzuhalten. Dazu wurden auch Brandschutztüren im Keller eingebaut. Weitere Maßnahmen waren der Einbau einer Gegensprechanlage, die Ausbesserung der Balkone und die Überarbeitung der Grün- und Außenanlagen.

Kooperationen

Bei der Sanierung waren folgende Akteure beteiligt:

1. seitens der Wohnungsbaugesellschaft:
   - Bestandsverwaltung
   - Technische Abteilung
   - Sanierungsbetreuung (inkl. Mieterbetreuung)
   - Finanzabteilung
   - Grünflächenplaner

2. Externe:
   - Architekturbüro
   - Fachplaner für Heizung und Lüftung
   - Landschaftsarchitekt.

Handhabung und Abwicklung der Sanierung bei diesem Fallbeispiel erfolgten in der bei dieser Wohnbaugesellschaft üblichen Art und Weise. Die Projektleitung bei der Sanierung liegt bei der Wohnungsbaugesellschaft. Für die Projektabwicklung gibt es interne Projektteams aus den Bereichen Finanzierung, Ausschreibung und Bauabwicklung.

Von der Sanierungsbetreuung wird in einer Wohnung vor Ort ein Sanierungsbüro eingerichtet. Die Mieter werden durch Versendung von Mieterinformationen von dem Vorhaben unterrichtet und können an Mieterversammlungen teilnehmen. Sie hatten allerdings im untersuchten Beispiel kaum Einfluß auf die Sanierung; es bestanden lediglich in geringem Umfang Auswahlmöglichkeiten hinsichtlich der Neuausstattung des Bades.

Die Technische Abteilung leitet die Modernisierung der technischen Anlagen. Hier fließen deren Erfahrungen mit der

Instandhaltung ein. So werden nach Möglichkeit identische Anlagen installiert, um den Wartungsaufwand zu vereinfachen.

In der Literatur (Kerschberger 1995) wird darauf hingewiesen, daß die Beteiligung eines Architekten für die Gestaltung des Gebäudes vorteilhaft ist. Im vorliegenden Fall war ein externes Architekturbüro eingebunden.

Der Architekt schlägt die Art des Dämmsystems vor, welches in der Regel vom Bauherren akzeptiert wird. In seltenen Fällen werden Alternativangebote der Baufirmen berücksichtigt. Dabei steht in jedem Fall die Wirtschaftlichkeit der Gesamtsanierung in Vordergrund. Neben der erzielbaren Miethöhe beeinflussen auch die Rahmenbedingungen der Förderung, d. h. in der Regel die Förderhöhe, die Qualität der Wärmedämmung.

Weitere Kriterien bei der Baustoffwahl sind Prüfzertifikate, optische und ästhetische Gesichtspunkte sowie geringe Schadstoffbelastungen. Wenig Einfluß auf die Entscheidungen haben Lebensdauer, Verwendung nachwachsender Rohstoffe, Materialminimierung, Wiederverwendbarkeit und Recyclingfähigkeit. Allerdings wird auf Äußerungen von Mietern bezüglich bedenklicher Baustoffe geachtet, da aus Sicht der Baugesellschaft bei der Verwendung solcher Stoffe u. U. die Gefahr von Leerständen auftritt. Der Bauherr schätzt in diesem Zusammenhang den Wissensstand eines Teils der Mieterschaft aufgrund ihrer beruflichen Tätigkeiten als überdurchschnittlich hoch ein. Hinsichtlich „ökologischer" Dämmstoffe hat die Baugesellschaft allerdings Bedenken bezüglich der Funktionalität und der Haltbarkeit. Für sie ist es wichtig, daß die Zertifikate für alle Materialien identisch sind und damit ein optimaler Vergleich möglich ist. Als größtes Hemmnis für den Einsatz „ökologischer" Materialien wird allerdings der höhere Preis angesehen. Insgesamt werden die Informationen, die über Baustoffe zur Verfügung stehen, als ausreichend betrachtet.

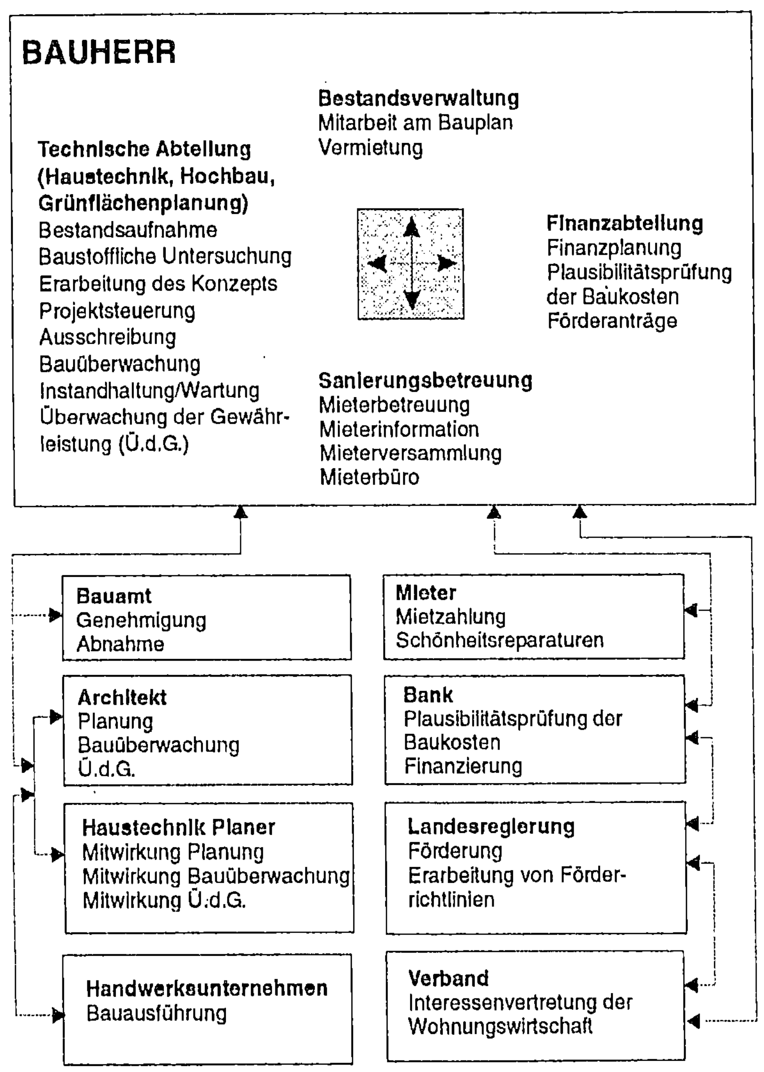

Abb. 3: Akteursbeziehungen bei der Sanierung eines Plattenbaus

Fensterbauer, Hersteller, Banken und der Baustoffhandel haben geringen Einfluß auf die Baustoffauswahl. Keinen Einfluß haben Maler, Dachdecker, Steuerberater, städtische Ämter, Hausverwalter und Mieter.

Mit den Stadtwerken wird jeweils die Erneuerung der Übergabestationen für die Fernwärme abgesprochen.

Die Inanspruchnahme von Fördermitteln ist relativ unproblematisch, da es dafür einfache Formblätter gibt. Die Förderzusage wird ggf. kurzfristig erteilt, so daß mit der Baumaßnahme zügig begonnen werden kann. An der Ausarbeitung der Förderrichtlinien des Landes Brandenburg sind Planungsbüros beteiligt, die zum Teil bei den Sanierungsmaßnahmen der Wohnungsbaugesellschaft mit der Planung beauftragt werden. Die Wohnungswirtschaft wird durch den Verband Berlin-Brandenburgischer Wohnungsunternehmen e. V. beim Land bei der Festlegung der Förderungen vertreten.

Interne Konflikte zwischen den Kaufleuten und Technikern werden in einem gewissen Rahmen als normal angesehen. Das gleiche gilt für den Umgang mit Mietern, Ämtern und Planern. Bei den Ämtern wird besonders die lange Prüfung der Unterlagen bemängelt. Zum Teil wird Konflikten durch flankierende Maßnahmen vorgebeugt. So erhalten die Mieter eine detaillierte Darstellung der Sanierungskosten und der damit verbundenen Mieterhöhung.

Modernisierungsstrategie

Jedes Jahr wird aufgrund der Bestandsaufnahme, der Fördermöglichkeiten und der eigenen Finanzierungsmöglichkeiten der Bauplan für das kommende Jahr aufgestellt. Die Anzahl der jährlich durchgeführten Sanierungen ist sehr hoch. Deshalb werden die Maßnahmen so weit wie möglich standardisiert, um die Abwicklung zu vereinfachen. Insgesamt hat sich bei der

Wohnungsbaugesellschaft der Trend von der mehrfachen Teilsanierung zur Komplettsanierung inklusive Außendämmung durchgesetzt, weil so die Akzeptanz der Mieter höher ist. Wärmebedarfsberechnungen werden aber nur bei Neubauten durchgeführt.

Energiesparmaßnahmen oder die Nutzung von Solarenergie, auch der Einsatz transparenter Wärmedämmung sind bei der Sanierungsplanung kaum ein Thema. Allerdings sieht die Wohnungsbaugesellschaft Anzeichen dafür, daß das Land in Zukunft mehr thermische Solarenergie fördern wird. Dies soll dann zu gegebenem Zeitpunkt in Betracht gezogen werden.

Durch die Verbesserung der Wärmedämmung und die Erhöhung der Luftdichtigkeit sind im Zusammenhang mit innenliegenden Bädern oder Küchen zum Teil Schwitzwasserprobleme aufgetreten. Um Bauschäden zu umgehen, werden daher bei der Sanierung in der Regel Schwerkraftlüftungen durch mechanische Lüftungsanlagen mit Ventilatoren ersetzt.

Bei einzelnen Bauvorhaben werden detaillierte Wirtschaftlichkeitsberechnungen für die Sanierungsmaßnahmen durchgeführt, um sie über die Zeit mit dem nachfolgenden Instandhaltungsbedarf vergleichen zu können.

Energetische Beurteilung

Die Dämmstärke orientiert sich eher an der Untergrenze, da sich die Sanierungskosten nur zum Teil auf die Miete umlegen lassen und trotz Förderung keine Wirtschaftlichkeit stärkerer Dämmung gesehen wird.

Häufig werden vor der Sanierung Thermographieaufnahmen von den Plattenbauten gemacht. Diese dienen aber hauptsächlich dazu herauszufinden, wo die Dübel der Wetterschale sitzen. Trotzdem wird so sichergestellt, daß Wärmebrücken erkannt und beseitigt werden können. So wurde aufgrund der

Aufnahmen im untersuchten Fallbeispiel der Drempelbereich des Daches zusätzlich gedämmt.

Durch aufgetretene Schwitzwasserprobleme geht der Trend bei innenliegenden Bädern oder Küchen hin zu mechanischen Lüftungsanlagen. In Hochhäusern werden häufig Wärmerückgewinnungsanlagen eingebaut. Zum Teil waren diese allerdings schon vor der Sanierung vorhanden. Bei vier- bis sechsgeschossigen Gebäuden, wie in dem vorliegenden Beispiel, werden häufig Ventilatoren in die Abluftschächte eingebaut, und die Fenster werden mit Lüftungsöffnungen versehen. Hier ist möglicherweise noch Optimierungspotential hinsichtlich des Energieverbrauchs vorhanden. Eine Kostensenkung bei geeigneten Anlagen sollte bei hohen Stückzahlen ebenfalls möglich sein.

Insgesamt hätte in Bezug auf Energieeinsparung und CO_2-Reduzierung mit vergleichsweise geringem Mehraufwand mehr erreicht werden können. So blieb man an der unteren Grenze der geltenden Wärmeschutzverordnung.

Bei der Sanierung der Heizungsanlagen wird weiter auf Fernwärme gesetzt, da dies Vorteile hinsichtlich der Förderung hat. Deshalb wurde z. B. auf den Einbau von Gasetagenheizungen, die auch zur Diskussion standen, verzichtet.

Stoffströme

Die Förderrichtlinien geben Empfehlungen hinsichtlich der Baustoffauswahl, wie z. B. den Verzicht von Tropenholz. Diese Empfehlungen werden allerdings ständig geändert; so ist z. B. die Verwendung von Aluminium, PVC und Kunststofffenstern inzwischen wieder erlaubt.

Da es sich bei langlebigen Materialien häufig um teurere Produkte handelt, wird auf deren Einsatz verzichtet. Ziel ist es, die Sanierungskosten so gering wie möglich zu halten. Es besteht allerdings seitens der Wohnungsbaugesellschaft die Befürchtung, daß es deshalb in relativ kurzer Zeit (10 bis 15 Jahre) zu Instandhaltungsbedarf kommen kann. Genauere Untersuchungen gibt es dazu noch nicht.

Die Entsorgung der Abfälle übernehmen die ausführenden Firmen. Bei den Ausschreibungen wird verlangt, daß die Firmen eine entsprechende Zulassung haben. Die Wohnungsbaugesellschaft kontrolliert den Entsorgungsnachweis. Die Trennung der Materialien auf der Baustelle liegt ebenfalls in der Hand der ausführenden Firmen. Wichtig für den Bauherrn ist die Einhaltung der Baustellenordnung.

Da die Wohnungszuschnitte nicht geändert werden, fällt in Plattenbauten bei der Sanierung wenig Bauschutt an. Dafür werden häufig ein Großteil der technischen Anlagen und die Innenausstattung der Bäder erneuert.

Bei der Wohnungsbaugesellschaft ist die Recyclingfähigkeit der verwendeten Baustoffe bei ihren Entscheidungsprozessen bisher noch nicht berücksichtigt worden.

Fazit

Die Sanierungsmaßnahmen bei den Plattenbauten sind auf Förderung angewiesen. Deshalb wird u. a. durch die Förderrichtlinien bestimmt, welcher Plattenbautyp vorzugsweise saniert wird. Durch die Förderhöhe und die maximal erzielbare Miethöhe an dem jeweiligen Standort sind der Qualität der Sanierung enge Grenzen gesetzt. Eine Untersuchung des Ministeriums für Stadtentwicklung, Wohnen und Verkehr des Landes Brandenburg (MSWV o. J.) zeigte, daß die Förderung einen wesentlichen Einfluß darauf hat, daß überhaupt Sanierungen bei Plattenbauten durchgeführt werden. Die Studie enthält auch Handlungsempfehlungen zu energietechnischen Modernisierungsmaßnahmen.

Die Zusammenarbeit der einzelnen Akteure ist weitestgehend eingespielt, was sicherlich auch mit der hohen Anzahl der jährlich durchgeführten Sanierungen zusammenhängt. Deshalb wird versucht, jede Sanierung soweit wie möglich zu standardisieren.

Die Auswahl der Baustoffe wird häufig den Architekten überlassen, wobei die Baugesellschaft den Eindruck gewonnen hat, daß der Architekt bestimmte Wärmedämmsysteme bevorzugt.

Sanierungsprojekte in den alten Bundesländern sind bei Architekten und Planern unbeliebt, weil sie viel Arbeit bei schlechten Verdienstmöglichkeiten bedeuten. Dies ist möglicherweise bei Plattenbauten nicht der Fall, da identische oder ähnliche Grundrisse, einfache Gebäudestrukturen und bekannte Materialien den Planungsaufwand reduzieren. Einmal gemachte Erfahrungen können relativ einfach auf weitere Gebäude übertragen werden.

Auch die ostdeutsche Wohnungsbaugesellschaft hat über die Rückmeldungen aus der Instandhaltung bereits die Erfahrung gemacht, daß durch nicht ausreichende Sanierungen bald wieder Investitionsbedarf entsteht. Den Unternehmen ist allerdings unbekannt, wann sich ein Mehraufwand bei der „Erstsanierung" betriebswirtschaftlich rechnet.

Häufig können Mehrkosten bei der Sanierung nicht auf die Mieter umgelegt werden, da die Mieten schon überhöht sind oder angesichts des lokalen Mietspiegels nicht weiter erhöht werden können. Dies ist in hohem Maße auch von dem Standort der Immobilie abhängig. So sind z. B. in ländlichen Gebieten der neuen Bundesländer nur geringe Miethöhen zu erzielen. Manchmal bezahlen nach Aussage der Wohnungsbaugesellschaft die Mieter kaum mehr als die Nebenkosten, damit der Wohnraum überhaupt noch vermietet werden kann. Dies hat zum Teil erheblichen Einfluß auf die Wirtschaftlichkeit der Sanierungsmaßnahme.

Die Mieter werden bei der Sanierung immer einbezogen. Hierdurch möchte die Gesellschaft weiteren Mieterschwund in jedem Fall vermeiden. Allerdings werden den Mietern in der Regel nur geringe Wahlmöglichkeiten bei der Sanierung eingeräumt. Gleichwohl achten die Wohnungsgesellschaften auf öffentliche Diskussionen über Bauschadstoffe, da sie befürchten, daß es zu Leerständen kommen kann, wenn umstrittene Baustoffe verwendet werden.

3 Ergebnisse des Workshops mit Akteuren

In den Fallstudien und durch die Befragung zahlreicher Akteure konnte ermittelt werden, welche Entscheidungsprozesse bei der Baustoffwahl ablaufen und welche Rolle ökologische Kriterien bei der Modernisierung von Bestandsbauten einnehmen. Die wichtigsten Problemstellungen wurden abschließend in einem Workshop „Stoffströme bei der Altbaumodernisierung im Geschoßwohnbau" mit Baupraktikern diskutiert. Wegen der aus der Hemmnisforschung allgemein bekannten besonders problematischen Situation im vermieteten Wohnungsbestand (Investor-Nutzer-Dilemma; vgl. Kap. 5) konzentrierte sich der Workshop auf diesen Sektor. Jedoch wurde am Rande auch die Einfamilienhaus-Modernisierung betrachtet.

Im einzelnen wurden folgende Themen behandelt:

- Vorgehen bei der Modernisierung des Gebäudebestands, Art der Maßnahmen, Intervalle, Modernisierungs- und Sanierungskonzepte
- Entscheidungsprozesse und Kriterien im Hinblick auf Wärmedämmung
- Rolle ökologischer Kriterien bei der Baustoffauswahl, wichtige Baustoff-Kategorien, Art der Beurteilungskriterien, Problemstoffe, Akteure, Informationsfluß und Entscheidungsprozesse
- Bauabfall-Entsorgung: anfallende Materialien, Verantwortlichkeiten, Abfalltrennung, Wiederverwendung
- Informationsfluß und -bedarf

- Förderung und Maßnahmen zur Motivation und Information, Akteurskooperationen, Weiterbildung, finanzielle Förderung, Rolle von Vorschriften und Standards.

Die Runde der Teilnehmer setzte sich aus Personen zusammen, die in der Praxis mit dem Thema Altbaumodernisierung befaßt sind. Bei der Auswahl wurde darauf geachtet, daß nicht nur besonders ökologisch orientierte Personen eingeladen wurden. Die Anwesenden kamen aus folgenden Akteursgruppen: Wohnbaugenossenschaften, Bauunternehmen, Generalunternehmen, Verbände der Wohnungswirtschaft, Architekturbüros, Ingenieurbüros, Verbraucherzentrale, Energieagenturen, Energieberatungsverbund.

Die in den folgenden Abschnitten zu den einzelnen Themen aufgeführten Ergebnisse basieren auf den Aussagen der Teilnehmer.

3.1 Wärmedämmung

Nach Einschätzung der Anwesenden werden Wärmedämmaßnahmen bei Gebäuden aus den Dreißiger bis Fünfziger Jahren, bei denen eine Dämmung meist nicht vorhanden ist, nur bei Gesamtbaumaßnahmen (z. B. Fassaden-Modernisierung wegen Schäden) durchgeführt. Reine Dämmaßnahmen kommen nur vereinzelt vor, wenn Förderprogramme dafür verfügbar sind.

Wichtigstes Entscheidungskriterium für oder gegen die Durchführung einer Wärmedämmaßnahme ist die Wirtschaftlichkeit. Voraussetzung dafür ist, daß die Investitionskosten zumindest z. T. durch eine Mieterhöhung ausgeglichen werden können. Ist dies nicht möglich, wird im Regelfall ohne Wärmedämmung saniert. Die Möglichkeiten der Mieterhöhung sind durch den örtlichen Mietspiegel begrenzt. Eine weitere Beschränkung ist durch Grundsatzurteile gegeben, die besagen, daß bei Energieeinsparmaßnahmen maximal das Zweifache der Heizkostenersparnisse als Mieterhöhungsrahmen dienen darf.

Zwei Ansätze für Akteuerskooperationen wurden an dieser Stelle erwähnt. Bei Umlegung der Kosten auf die Miete sei ganz wichtig, daß der Gesamtstandard der Wohnung stimme und vom Mieter anerkannt werde. Ihm müsse durch den Eigentümer plausibel gemacht werden, was Energieeinsparung für ihn bedeutet. Dagegen sei den Vermietern die Rolle der Heizkosten, die aufgrund der ansteigenden Zahlen von Leerständen stetig größer werde, für die Vermietbarkeit zu verdeutlichen. Dies könne in einer gezielten Beratung erfolgen.

Grundsätzlich haben nach Ansicht der Akteure ökologische Aspekte, z. B. CO_2-Minderungen durch Energieeinsparung, keine Chance, wenn Maßnahmen für unwirtschaftlich gehalten werden.

Eigentlich müßte die Wärmeschutzverordnung (WSVO) bei fast allen großen Modernisierungsobjekten berücksichtigt werden, da meist mehr als 20 % der Außenbauteile erneuert werden. Die Entscheidungsträger, z. B. Baugesellschaften, räumten jedoch ein, daß der Wärmedämmstandard eines Gebäudes in der Regel kein Thema sei. Die WSVO werde im Altbau nicht überprüft und deshalb auch nicht eingehalten. Sie habe nur einen mittelbaren Einfluß auf die Gebäudemodernisierung. Neue Methoden oder Materialien könnten sich nur dann durchsetzten, wenn es genug Positivbeispiele dazu gibt. Beispiele von Bauvorhaben, die unter Berücksichtigung der WSVO durchgeführt wurden, gebe es aber fast ausschließlich nur im Neubaubereich, so daß bei Modernisierungen vielfach auf Erfahrungen aus diesem Bereich zurückgegriffen werde. Für Bauteile und Baustoffe gebe es keine Standards wie im Neubau. Als erster Ansatz dafür müßten spezielle Lösungsvorschläge in der Gebäudemodernisierung stärker bekannt gemacht werden.

3.2 Baustoffauswahl

Der Architekt spielt bei der Baustoffauswahl die entscheidende Rolle, indem er die zu verwendenden Stoffe vorschlägt. Bei Wohnbaugesellschaften nimmt zusätzlich noch der technische Geschäftsführer Einfluß auf die Auswahl. Ist kein Architekt beteiligt, wählt der jeweilige Handwerker selbst aus.

Nach Einschätzung der Workshop-Teilnehmer legen nur 5 % der Wohnbaugesellschaften einen besonderen Wert darauf, ökologische Baustoffe zu verwenden. Alle anderen greifen auf die Standardprodukte zurück, wobei auch die Meinung geäußert wird, daß alles, was auf dem Markt angeboten wird, unbedenklich zu verwenden ist. Damit entscheidet fast ausschließlich, vielleicht zu 80 %, das Angebot und das Marketing der Materialhersteller. Dies beinhaltet auch das Beratungsangebot der Hersteller, die zum Teil auch baukonstruktive Lösungen vorschlagen.

Von allen Workshop-Teilnehmern wurde die mangelnde Transparenz des Baustoffangebots kritisiert. Nur wenn es gelingt, Produktinformationen und Bewertungssysteme auf einem einfachen, schnellen und verständlichen Weg zu vermitteln, gebe es eine Chance, etwas zu bewegen. Es wurden einfachere Informationen auf allen Ebenen (Ingenieur, Handwerker, Endverbraucher) als Hilfestellung bei der Auswahl gefordert.

Als Schwachstelle in der Baustoff-Kette sehen die Anwesenden den Schritt von der Auswahl zum Einbau der Baustoffe. Der Handwerker als Anwender sei zwar gehalten, die vorgeschriebenen Materialien zu verwenden, die Praxis zeige aber, daß Handwerker trotzdem auf anderes, ihnen eventuell vertrauteres Material zurückgreifen. Dies könne aber nur durch sehr häufige Baustellenkontrollen unterbunden werden.

Im Altbaubereich werden mehr Defizite gesehen als beim Neubau. Offenbar ist im Altbaubereich das Arbeiten mit nachwachsenden Rohstoffen noch lange nicht so verbreitet wie im Neubau, in dem es auch mehr ökologische und gleichzeitig wirtschaftliche Lösungen zu geben scheint. Die Teilnehmer sind sich einig, daß von der Anbieterseite mehr Information für den Neubau als für die Altbaumodernisierung zur Verfügung gestellt wird.

3.3 Ökologische Kriterien

Die Workshop-Teilnehmer nannten folgende grundlegenden Kriterien als Anforderungen an Materialien, damit sie als „ökologische Baustoffe" gelten können:

- einfache Demontierbarkeit (keine Verbundmaterialien)
- lange Nutzungszeit
- Rückführbarkeit in natürliche Kreisläufe
- Recyclingfähigkeit
- möglichst langfristige Verfügbarkeit
- gesundheitliche Unbedenklichkeit (emissionsarme Produkte).

Die Anforderung „Montagefreundlichkeit", die oft auch zu den ökologischen Kriterien gezählt wird, sei zwar wünschenswert, stehe aber häufig in Dissens zu ökologischen Vorteilen und wird daher getrennt betrachtet.

Nach der Kenntnis der Teilnehmer des Workshops gibt es keine Materialien, die alle oben genannten ökologischen Kriterien erfüllen. Die Frage nach Materialien, mit denen ökologisch gebaut werden kann, sei eigentlich nicht zu beantworten. Man könnte sagen, alle Dämmstoffe sind ökologisch, da sie helfen,

Energie zu sparen, oder alle Dämmstoffe sind unökologisch, da sie alle nicht unbedenklich sind. Was fehlt, ist eine Definition des ökologischen Bauens.

Als ein weiterer Kritikpunkt bei der ökologischen Beurteilung wurde das Fehlen des gesamten abfallwirtschaftlichen Bereichs in der üblichen Betrachtung angesehen, wenn Wärmedämmung installiert werden soll. „Wir sind heute soweit, daß wir eigentlich mit schweren Atemschutzgeräten demontieren müßten, aber in der Haustechnik gibt es die ökologische Bewertung der eingesetzten Materialien nicht. Die Bauherren interessieren sich auch nicht dafür. Ökologie auf dem heutigen wissenschaftlichen Stand findet in der Praxis nicht statt. Alles ist gar kein Thema, Hauptsache Energie wird gespart". Es gebe zur Zeit außer den gesetzlichen Zulassungsbestimmungen kein entscheidendes *ökologisches* Ausschlußkriterium für bestimmte Dämmstoffe. Das, was an Dämmstoffen auf dem Markt amgeboten werde, könne eigentlich ohne große Auswahl genommen werden, ökologische Nachteile hätten alle Stoffe.

3.4 Bauabfall-Entsorgung

In der Abfallentsorgung sehen die Workshop-Teilnehmer bei großen Projekten wenig Handlungsbedarf. Die Abfallentsorgung wird im Regelfall an die ausführenden Handwerker delegiert und vertraglich festgelegt. Die Entsorgungskosten werden prozentual auf die Handwerker umgelegt und fließen in die Gesamtkostenkalkulation ein.

Da die Deponiekosten in der letzten Zeit erheblich gestiegen seien, setze sich bei den Bauunternehmen in zunehmenden Maße das Konzept der „Clean-Baustelle" durch. Die anfallenden Baustoffe würden in verschiedenen Containern getrennt gesammelt. Für den Sammelprozeß sei eine Koordination und Überwachung erforderlich, die oft von dem Bauunternehmen oder einer vom Bauunternehmen eingesetzten externen Person übernommen werde. Bei kleineren Bauvorhaben, z. B. bei Einfamilienhaus-Modernisierung gelte dies allerdings nicht, da eine Überwachung schwer möglich und das Kostenbewußtsein für die Entsorgung nicht so ausgeprägt sei.

Im Rahmen des Workshops wurden noch zwei weitere Modelle vorgestellt, wie die Bauabfall-Entsorgung ablaufen kann. Auf kleineren Baustellen, auf denen oft kein Platz für viele Container vorhanden sei, könne die Sortierung auf die zwei Fraktionen „leichte Stoffe" (z. B. Holz) und „schwere Stoffe" reduziert werden. Trotz des Aufwands einer etwaigen Kontrolle oder eines Nachsortierens ließen sich so die Entsorgungskosten gering halten.

Die dritte Variante ermögliche die getrennte Entsorgung auch bei kleineren Baustellen, wenn diese von ein und demselben Unternehmen geführt würden. Die Sammelcontainer befänden sich in diesem Fall auf dem zentralen Gelände des Unternehmens, das von den einzelnen Baufahrzeugen angefahren werde. Die Sortierung finde entweder dort statt oder bereits vorher auf der Baustelle. Entscheidend sei hier das Angebot der verschiedenen Container.

Die Aufgabe des Sortierens liege bei allen drei Entsorgungskonzepten beim Handwerker. Für einige Handwerker bedeute das eine Umstellung und erfordere am Anfang evtl. auch Mehrarbeit, bei nachfolgenden Aufträgen werde es aber bald selbstverständlich. „Die Entsorgungsmentalität ist Erziehungssache." Der Normalfall sei heute aber immer noch der Baumischcontainer mit Preisen von 800 bis 900 DM. Im Vergleich dazu koste ein rein mit Beton aufgefüllter Container nur 70 bis 80 DM.

Problemstoffe, die zu entsorgen sind, treten nach Meinung der Anwesenden bei der Modernisierung selten auf. Bei solchen Stoffen handele es sich meistens um von Schwamm befallene oder asbesthaltige Baustoffe und um behandelte Holzbauteile.

Wiederverwertung findet im Wohnungsbau höchstens bei den Türen und Fenstern statt. Bei der auf dem Workshop vertretenen Wohnungsbaugenossenschaft werden Kunststoffenster generell rezykliert. Das Metall wird an einen Schrotthändler, der Kunststoff an einen Profilhersteller abgegeben und von diesen vergütet.

Zusammenfassend läßt sich festhalten, daß beim Thema Recycling ökonomische und ökologische Gesichtspunkte näher zusammen liegen als bei energietechnischen Maßnahmen. Die Entsorgungskosten spielen eine große Rolle, sie kontrollieren und regulieren den Markt.

3.5 Informationsfluß und -bedarf

Der Workshop machte klar, daß eine Diskrepanz zwischen der Verfügbarkeit und der Nützlichkeit von Informationen besteht. Zwar liegt nach Auffassung der Workshop-Teilnehmer eine Vielzahl von Informationsbroschüren der Hersteller vor, die aber vorrangig produktbezogen seien. Dem Anwender werde nur die Wahl zwischen Produkten einer Baustoffart ermöglicht, nicht aber die Auswahl zwischen verschiedenen Baustoffarten. Angebotene Informationen der letzteren Art werden von den Teilnehmern als zu wissenschaftlich und zu unübersichtlich kritisiert; sie fänden daher in der Praxis selten Verwendung.

Informationsdefizite sind also nicht auf das mangelnde Angebot von Informationen zurückzuführen, sondern auf die fehlende Nachfrage wegen Zeitmangels. Kein Akteur hat die Zeit, sich theoretisch in einzelne Themen zu vertiefen. Der Baupraktiker „kann nicht zu jedem Thema einen Forschungsbericht durchlesen". Die Teilnehmer empfehlen, daß die Informationen besser auf die Baupraxis zugeschnitten werden sollen, ohne zu sehr in technische Details zu gehen. Die Form der Information müsse, dem heutigen Niveau entsprechend, optisch ansprechend, schnell zu erfassen und übersichtlich sein, wobei der Einsatz von Videos und Computer-Software den Papierinformationen vorzuziehen ist.

Der Vertreter der Verbraucherberatung weist darauf hin, daß die Verbraucherzentrale eine offensive Bearbeitung des Marktes vornimmt. Sie verfasse Artikel zu bestimmten Themen, die in der Presse veröffentlicht würden und nutzten Pressegespräche, um die Öffentlichkeit zu informieren. Die in Nordrhein-Westfalen zum Thema „Sanierung" angebotenen Volkshochschulkurse würden noch nicht von der großen Masse der modernisierungswilligen Eigentümer besucht, abgesehen davon, daß dieses Angebot auf NRW beschränkt sei. Auch die Nachfragen bezüglich Wohnbaumodernisierung in den Verbraucher-Beratungsstellen seien eigentlich viel zu gering, wenn man den Bedarf betrachte, der vorliegen müßte. Man habe den Eindruck, daß die Bemühungen an dem eigentlichen Interesse der Verbraucher vorbeigehen.

Die Workshop-Teilnehmer bescheinigen der Informationsübergabe von Person zu Person die größte Wirkung. Der Erfahrungsaustausch werde heute schon ansatzweise in Arbeitskreisen oder bei Seminaren praktiziert, müsse aber noch deutlich forciert und koordiniert werden. So könnten sich etwa Unternehmen oder Genossenschaften regional zu einem Erfahrungsaustausch zusammenschließen. Der Informationsfluß auf der bilateralen Ebene erfolge aber nicht uneingeschränkt, da diejenigen, die auf dem Gebiet „energetisches Modernisieren" schon erfolgreich arbeiteten, ihr Wissen aus Wettbewerbsgründen nicht unbedingt weitergäben.

Damit der Markt sich selbst regulieren kann, müsse Transparenz geschaffen werden. Es müsse für einen Wohnungssuchenden deutlich sein, wieviel Heizkosten er zu erwarten hat. Die Heizkosten beeinflußten außerdem den Wert einer Immobilie, die zum Verkauf steht. Dies bedeute, daß Energiekennzahlen sowohl im Mietvertrag als auch im Immobilienangebot erscheinen müssen.

Um eine Wohnung für Wohnungssuchende attraktiv zu machen, könnten Vermieter Komplett-Vermietungen anbieten (mit Warmmieten und Energiekennzahlen im Mietvertrag). Um trotzdem den Mieter zum Energiesparen zu motivieren, müsse dem Mieter der eigene Nutzen seines energiesparenden Verhaltens verdeutlicht werden.

3.6 Förderung und Maßnahmen

Abschließend erfolgte in dem Workshop eine zusammenfassende Diskussion von Maßnahmen zur Förderung eines ökologisch orientierten Stoffstrommanagements. Es ergaben sich vier Schwerpunkte: Motivation, Aus- und Weiterbildung, Kooperation und Netzwerke sowie Vorschriften.

Motivation

Durch die Verankerung des Wettbewerbsgedankens könnte die Motivation der Akteure gesteigert werden. Für Architekten könnten Modernisierungsmaßnahmen als städtebauliche Wettbewerbe ausgeschrieben werden. Die Modernisierung müsse auch unter den Architekten stärkere öffentliche Anerkennung finden, und das Image „Modernisieren/Sanieren ist Dreckarbeit" müsse weiter abgebaut werden.

Eigentümer könnten durch die Einführung einer Plakette für Häuser, an denen Maßnahmen durchgeführt wurden, gewonnen werden. Sie könnten damit ihr Engagement für den Umweltschutz und ihre „Pflichterfüllung" öffentlich zeigen. In der Nachbarschaft werde damit ein persönlicher Wettbewerb in Gang gesetzt.

Für die Eigentümer im Baubestand sei das Wirtschaftlichkeitskriterium ausschlaggebend bei der Entscheidung für oder gegen eine Modernisierungsmaßnahme. Der monetäre Effekt müsse gegeben sein. In der Diskussion wurde angeregt, daß die Eigentümer an den infolge der Maßnahme eingesparten Kosten partizipieren sollten.

Für die Gewerke könnte durch die Einführung einer Zusatzzertifizierung „Qualifiziert in der Baumodernisierung" der Anreiz geschaffen werden, sich mit dem neuesten Stand der Technik vertraut zu machen.

Aus- und Weiterbildung

Die niedrige Umsetzungsquote von ökologischen Maßnahmen in der Modernisierung des Baubestands wurde von den Workshop-Teilnehmern auch auf die mangelnde Qualifizierung der beteiligten Akteure bezüglich neuer Techniken zurückgeführt.

Häufig würden auf den Baustellen minderqualifizierte Handwerker eingesetzt, obwohl die Anforderungen an die Arbeiter bei der Modernisierung noch höher seien als im Neubau. Manche Handwerker vergeben noch Unteraufträge; dabei wird es noch schwieriger, den Ablauf zu kontrollieren und eine Kommunikation aufrecht zu erhalten.

Minderqualifizierte müßten über Fortbildungsmaßnahmen auf das notwendige Niveau gebracht werden. Entscheidender sei aber die Verankerung der Altbaumodernisierung in den bestehenden bauwirtschaftlichen Ausbildungsgängen und Forschungseinrichtungen. Diese seien heute fast ausschließlich auf den Neubau ausgerichtet, so daß die Defizite bereits in den Grundlagen zum Tragen kommen.

Kooperationen und Netzwerke

Für die Umsetzung neuer Modernisierungskonzepte auf größerer Ebene (z. B. kommunal) wird ein Akteur für notwendig gehalten, dessen Aufgabe die Zusammenführung der beteiligten Personen sei. Als Akteur kämen das Umweltamt, die Energieagenturen oder die Verbraucher-Beratungsstellen in Frage. Als Ziel wird der Anstoß einer Kommunikation und der Aufbau eines dynamischen Prozesses gesehen. Für den Bereich Altbaumodernisierung könnte damit ein eigenes Netzwerk entstehen, in dem sich auch die einzelnen Koordinationsstellen untereinander austauschen.

Da die Nachfrage nach bestimmten Leistungen und die Kosten den Markt bestimmten, dürften die Unternehmen nicht gegen den Markt arbeiten, sondern müßten die Marktverbesserungen für sich nutzbar machen. Ein Beispiel wird aus der Stadt Bonn geschildert: Die Architekten seien dort gezwungen, sich über Niedrigenergie-Bauweise zu informieren, da die Stadt Bonn nur noch Grundstücke mit der Auflage vergibt, daß mit Niedrigenergie-Standard gebaut wird. Die Folge war z. B., daß ein Seminar zu diesem Thema 70 Teilnehmer hatte, während in einer anderen Stadt ein solches Seminar vom Bund der Architekten mit der Begründung abgelehnt wurde, daß Energiesparen für Architekten kein Thema sei.

Vorschriften

Im Workshop wurde die Einführung einer Nachrüstpflicht angeregt, die vom Gesetzgeber verordnet werden müßte. Der Zeitpunkt, in dem ein Gebäude finanztechnisch (im Sinne der Einkommenssteuer oder der Gewerbesteuer) abgeschrieben ist, könnte als Zeitpunkt für eine grundlegende Modernisierung festgelegt werden. Begründung wäre der veränderte Stand der Technik. Eine entsprechende Nachrüstpflicht existiert auch schon im Heizungsbereich.

Es wurde ferner darauf hingewiesen, daß Wohnbaugenossenschaften keine GmbH, d. h. nicht zur Bildung von Rücklagen für etwaige Modernisierungsmaßnahmen verpflichtet seien und deshalb in der Regel auch keine Rücklagen gebildet würden. Die Gebäude der Genossenschaften seien nach 40 Jahren wirtschaftlich abgeschrieben. Antwort darauf wäre eine verordnete Abgabe, die z. B. die wärmetechnische Modernisierung erwirkt und die Genossenschaften zu einer Berücksichtigung dieser Investitionskosten zwingt.

4 Stoffströme in der Altbaumodernisierung

Für die Zielsetzung der vorliegenden Studie steht die Betrachtung der Stoffströme in Form von Baustoffen und Bauteilen im Mittelpunkt. Die Problematik besteht dabei nach den Erkenntnissen bisheriger Studien der Enquête-Kommission in den großen Stoffströmen und Materialmengen, dem großen Anteil des Bausektors am Abfallaufkommen, der Tatsache, daß heute verbaute Stoffe in der Regel erst in 30 bis 100 Jahren zum Bauabfall werden, im Einsatz einer Vielzahl von zum Teil neuen (chemischen) Bauhilfsstoffen bei Neubau und Sanierung, dem Trend zum Gebrauch von Verbundmaterial und damit dem Problem des Bauschutt-Recycling.

4.1 Bedeutung und strukturelle Merkmale des Altbaubestands

Aus Sicht der CO_2-Minderung liegen die größten Potentiale für die Energieeinsparung im Altbaubestand. Mindestens 2 bis 3 % des Altbaubestands, d. h. 500.000 bis 700.000 Wohnungen, müßten jährlich energetisch saniert werden, um das CO_2-Reduktionsziel zu erreichen (Anhörung 1996). Am meisten Energie benötigen die vor 1977 errichteten Gebäude, die auch den größten Instandhaltungsbedarf haben. Tabelle 1 zeigt die Altersklassen der Wohngebäude in Deutschland.

Gemessen an den Wohnflächen entfallen 56 % auf Einfamilienhäuser und 44 % auf Mehrfamilienhäuser, wobei jeweils 41 % nach 1978 und 17 % bzw. 14 % nach 1990 erstellt wurden (ITAS u. a. 1997).

Tab. 1: Wohngebäude nach Baujahr

	Alte Bundesländer	Neue Bundesländer
bis 1900	13 %	11 %
1901 bis 1948	24 %	21 %
1949 bis 1978	46 %	50 %
1979 bis 1987	12 %	13 %
nach 1987	5 %	6 %

Quelle: Statistisches Bundesamt 1997

Nach übereinstimmender Meinung der Fachleute sind wärmedämmende Maßnahmen im Altbaubestand nur dann wirtschaftlich, wenn sie an ohnehin anstehende Arbeiten angekoppelt werden, wenn z. B. ein Gerüst aufgestellt werden muß. Die Anlässe dazu sind vielfältig: bei Erneuerung des Außenputzes, Säuberung von Fassaden, Sanierung von Schäden an Außenwänden oder Balkonen, Dacharbeiten, Sanierung von Wärmebrücken wegen Schimmelschäden, Erneuerung der Fenster u. a. Werden diese Möglichkeiten nicht genutzt, sind die Chancen für 20 bis 50 Jahre vertan, wie dies beim Dachausbau teilweise geschehen ist. Die Erneuerungsintervalle werden bei Fenstern auf rund 20 bis 30 Jahre, bei der Außenfassade 20 bis 40 Jahre und bei der Dacheindeckung 30 bis 50 Jahre (Flachdach 15 bis 20 Jahre) geschätzt (Knissel u. a. 1997, Feist bei BMBau-Symposium 1997). Weitere Schlüsselzeitpunkte für die Durchführung wärmedämmender Maßnahmen sind Umbau, Erweiterung, Eigentümer- und Mieterwechsel. Die Planungen erfolgen in der Regel relativ kurzfristig; zwischen Entscheidung und Ausführung liegt nur etwa ein halbes Jahr. Die Energieeinsparpotentiale sind bei der Fassadendämmung am größten, Gefolgt von der Dachdämmung, der Fenstererneuerung und der Kellerdämmung (Ebel u. a. 1995).

Eine Abschätzung des Instandhaltungsbedarfs erfolgte bei der 1%-Gebäude- und Wohnungsstichprobe 1993 (vgl. Tabelle 2). Nach dem Bauschadensbericht der Bundesregierung entfallen mehr als 70 % der notwendigen Instandhaltungsinvestitionen auf die neuen Bundesländer, die nur 20 % des Wohnbaubestands umfassen (Anhörung 1996). Etwa die Hälfte der Gebäude, die eine Sanierung nötig haben, stammen aus den Jahren 1948 bis 1968.

Tab. 2: Wohngebäude nach notwendigen Modernisierungen und größeren Instandsetzungen

		ABL	NBL	Gesamt
Ohne Angabe	%	22	16	21
Maßnahmen nicht notwendig	%	55	25	50
Maßnahmen notwendig	%	23	60	29
davon: Dach	%	36	48	40
Außenfassade	%	33	48	38
Notwendig: Dach und Außenfassade	(in 1.000)	2.078	1.323	3.401
Notwendig	(in % der Gebäude)	16 %	58 %	23 %

Quelle: Statistisches Bundesamt 1995

Selbstgenutzte Wohnungen werden häufiger und intensiver erneuert als vermietete Wohnungen. In den neuen Bundesländem wurde dies in einer Untersuchung quantifiziert (Anhörung 1996): Gebäude in Privatbesitz wurden zu 63 % modernisiert, wenn der Eigentümer im Haus wohnt, andernfalls nur zur 32 %. Bei in kommunalem Besitz befindlichen Gebäuden waren es 26 %, in genossenschaftlichem Besitz 56 %. Die Eigentumsquote liegt in den neuen Bundesländern bei 26 %, im alten Bundesgebiet bei gut 42 %, insgesamt sind es 39 % (Statistisches Bundesamt 1995). Etwa 10 % des gesamten deutschen Wohnungsbestands sind Mietwohnbauten von großen Wohnbaugesellschaften. Einen Überblick über die Eigentümerstruktur zeigt Tabelle 3. Danach befinden sich im alten Bundesgebiet gut 90 % der Wohngebäude im Eigentum von natürlichen Personen (vor allem die Ein- und Zweifamlienhäuser), in den neuen Bundesländern 76 %; die übrigen Eigentümer sind juristische Personen. Bezogen auf die Wohnungen sind 81 % bzw. 41 % im Besitz natürlicher Personen. Im alten Bundesgebiet wurden von 1950 bis 1993 rund 8,3 Mio. Wohnungen im sozialen Wohnungsbau errichtet.

Tab. 3: Wohngebäude nach Eigentümern 1993 (in 1.000)

	ABL	**NBL**	**Gesamt**
Einzelpersonen, Ehepaare	10.954	1.626	12.591
Personengemeinschaften	737	119	855
Eigentümergemeinschaften	295	–	298
Öffentliche Bauherren	267	287	554
Wohnbau-Unternehmen, Genossenschaften	471	174	645
Sonstige, z. B. Versicherungen, Immobilienfonds	145	87	232
Insgesamt	**12.879**	**2.296**	**15.175**

Quelle: Statistisches Bundesamt 1995

In den neuen Bundesländern gibt es einen erheblichen Anteil industriell – in sogenannter Plattenbauweise – errichteter Wohngebäude. Etwa ein Drittel der rund 8 Mio. Wohnungen der früheren DDR sind solche Typenbauten, die zwischen Anfang der 50er und Mitte der 80er Jahre, v. a. in Trabantenstädten, gebaut wurden. Mit der Plattenbauweise wurde ein hohes Bauvolumen in kurzer Zeit zu niedrigen Preisen realisiert.

Die Plattenbauten befinden sich in der Regel in schlechtem baulichen und energietechnischen Zustand. Die mangelhafte bauliche Qualität ist auf ungeeignete Materialien und mangelhafte Fertigung in der Produktion und auf der Baustelle zurückzuführen (Kerschberger 1995). Der hohe Energiebedarf (zwischen 180 und 260 kWh/m²*a) liegt allerdings weniger an der fehlenden Wärmedämmung als am schlechten Wirkungsgrad der Heizanlagen und der ungünstigen Energieträgersituation. Vergleichbar große Gebäude der gleichen Baujahre weisen in den alten Bundesländern auch keine niedrigeren Verbrauchswerte auf (über 220 kWh/m²*a), die DDR-Gebäude haben jedoch in der Regel ein geringeres Oberflächen-Volumenverhältnis als diejenigen der alten Bundesländer, was den spezifischen Verbrauch verringert.

Es besteht daher bei den Plattenbauten ein erheblicher Sanierungsbedarf. Außerdem wurden wesentlich weniger Gebäude bisher nachträglich wärmegedämmt. Hieraus ergibt sich die einmalige Chance, bei der Instandsetzung gleichzeitig eine Wärmedämmung anzubringen. Dadurch kann der Energieverbrauch erheblich vermindert werden. Die Dämmung ist um so wirtschaftlicher, je größer die Schäden sind. Die Amortisationszeit eines zusätzlichen Wärmedämm-Verbundsystems liegt bei großen Schäden unter 10 Jahren (Kerschberger 1995). Nach vorliegenden Schätzungen (Römmling 1997) sind 50–65 % der Bauteile in der Hüllfläche des Gebäudebestands instandzusetzen. Ein knappes Drittel dürfte schadensfrei sein, 65 % weisen leichte bis mittelschwere Schäden an wesentlichen Bauteilen auf, knapp 5 % schwere Schäden.

4.2 Wichtige Stoffströme bei der Altbaumodernisierung

Im Bausektor werden derzeit jährlich über 500 Mrd. DM investiert, davon entfällt mehr als die Hälfte auf Maßnahmen im Altbaubestand. Pro Jahr erfolgt ein Zubau von rund 1 %, die Zahl der Abrisse ist demgegenüber relativ gering. Auch im Jahr 2020 werden 85 % und im Jahr 2050 immerhin 60 % der Gebäude „Altbauten" sein (Ehm bei BMBau-Workshop 1997). Der Baustoffeintrag liegt bei 3 bis 10 Tonnen pro Einwohner und Jahr, das Bauschuttaufkommen bei 0,3 bis 0,6 Tonnen, eine Differenzierung nach Neubau, Altbaumodernisierung und Abriß ist nicht möglich. Das „Stofflager Baubestand" wird somit weiter ausgebaut (ITAS u. a. 1996).

Bei den Bauabfällen, die auf knapp 300 Mio. Tonnen jährlich geschätzt werden (Bruchmann u. a. 1997), nimmt der Bodenaushub den größen Anteil ein. Am problematischsten ist aber der Bauschutt aus der Altbaumodernisierung wegen seiner komplexen Zusammensetzung, schädlicher Verunreinigungen und Störstoffen, die eine Verwertung verhindern. Heute lassen sich Altmaterialien bei der Entsorgung noch relativ gut trennen, da die Verarbeitungstechnik zur Zeit ihres Einbaus noch einfach war und meist nur ein mechanischer Stoffverbund erfolgte, während in Zukunft immer mehr Verbundstoffe anfallen werden (Hassler bei BMBau-Symposium 1997). Bei kleinen Bauvorhaben ist zudem angesichts der individuell kleinen Mengen bei der Entsorgung in Containern kaum eine Stofftrennung möglich.

Die Baustoffe lassen sich unterscheiden nach Baustoffen im und am Baukörper, im Zusammenhang mit Einbauten (Fenster, Türen etc.) und mit Installationen (z. B. Heizung, Elektrik). Die große Masse der Baustoffe fließt beim Neubau in die tragenden Teile des Baukörpers, die ohne Instandhaltungsmaßnahmen 100 oder mehr Jahre überdauern. Bei der Modernisierung nehmen die Stoffströme der Ausbaumaterialien nichttragender Teile einen wesentlich größeren Anteil als beim Neubau ein. Dach, Putz, Innenwände, Fenster, Holzverkleidungen etc. werden in ihrer Lebensdauer auf 20 bis 40 Jahre, Tapeten, Bodenbeläge, Sanitärobjekte, Fliesen etc. auf 5 bis 20 Jahre eingeschätzt. Die Bauteile der letztgenannten Gruppe werden häufig nicht wegen Funktionsunfähigkeit oder Verschleiß, sondern aus Gründen des Wohnwertes ausgetauscht.

Tabelle 4 gibt einen Überblick über die Vielfalt der Baustoffe im Baukörper, soweit sie für die Altbaumodernisierung relevant sind. Von den Massenbaustoffen erscheinen dabei Zement, PVC und Dämmstoffe am problematischsten. Auf die Dämmstoffe wird in Abschnitt 4.4 eingegangen; bei Zement wird darauf hingewiesen, daß es sich in der Regel um ein Vielstoffgemisch mit Reststoffen aus anderen Bereichen, z. B. Schlacke oder Flugasche, handelt (Radünz 1996). PVC wird z. B. in Fenstern, Bodenbelägen, Rohren und Folien eingesetzt. Die Problematik bezieht sich hier auf die Rohstoffe und insbesondere auf die Recyclingfähigkeit, die auch längerfristig zu höchstens 30 % machbar erscheint (Möller u. Jeske 1995).

Diese an sich schon komplexe Zusammenstellung in Tabelle 4 berücksichtigt noch nicht die zahlreichen Zusatzstoffe (z. B. organische Lösemittel, halogenierte Kohlenwasserstoffe, PCB) und Bauhilfsstoffe (z. B. Kleber, Beschichtung, Imprägnierung, Holzschutzmittel, Grundierung, Lacke, Silikon etc.), die viele, an sich unbedenkliche Rohstoffe, erst zu Problemstoffen machen (ITAS u. a. 1996). Bei rezyklierten Baustoffen werden zum Teil Reststoffe aus anderen Bereichen, z. B. Schlacke, oder bereits durch Chemikalien kontaminierte Baustoffe eingesetzt, so daß Problemstoffe immer unkontrollierter diffundieren (Friege 1997).

Über die Größenordnung der Stoffströme, die in die Altbaumodernisierung fließen und als Bauschutt anfallen, waren weder insgesamt noch in den Fallbeispielen verläßliche Daten herauszufinden. Ein typisches Einfamilienhaus mit 120 m² wird auf ein Gesamtgewicht von 350 Tonnen geschätzt, das sich aus 54 % Stein/Kies/Sand, 29 % Ziegel, 8 % Zement, 6 % Stahl, 3 % Holz und weniger als 0,5 % Aluminium, Kupfer, Kunststoffe und Glas zusammensetzt (Grieshammer u. Buchert 1996). Hierbei sind aber weder Bauhilfsstoffe noch Innenausbauten berücksichtigt, die den größten Anteil der Stoffströme bei der Altbaumodernisierung ausmachen dürften. Zwei Beispiele (Mehrfamilien- und Zweifamilienhaus), die auch Ausbaumaterialien umfassen, sind in Tabelle 5 hinsichtlich des Baustoffabgangs quantifiziert (Görg 1997); die entsprechenden Stoffzugänge dürften sich in ähnlichen Größenordnungen bewegen.

Über Einzelbeispiele hinaus ist das „Baustoffdepot" des Gebäudebestands in seiner Zusammensetzung unzureichend bekannt, insbesondere was Problemstoffe anbetrifft.

In 85 % der Fälle eines Abbruchs von Wohngebäuden werden diese durch neue Wohngebäude ersetzt (Görg 1997). Die Erhaltung der Bausubstanz – Verlängerung der Lebensdauer und gegebenenfalls Umnutzung – kann somit durch Verlangsamung der Stoffströme einen wesentlichen Beitrag zur nachhaltigen Entwicklung leisten. Hierzu wäre jedoch ein Wertewandel in der Gesellschaft erforderlich.

Tab. 4:   Häufig eingesetzte Baumaterialien

Bauelemente in und am Baukörper	Materialien
Wände	Naturstein Beton, Leichtbeton Ziegel Kalksandstein Gasbeton Gips Ständerkonstruktionen (Holz, Metall, Gipskarton)
in die Wand eingebaut	Stürze aus Beton, Ziegel oder Metall Träger aus Metall oder Holz Kabel, Rohre (Metall, Kunststoff, Keramik)
Innenwand-Bekleidungen	Tapeten aus Papier, Glasgewebe, Textil etc. Anstriche Vertäfelungen aus Holz, Laminat etc. Fliesen
Außenwand-Bekleidungen	Putze, Isolierputze Lattung Dämmstoffe hinterlüftete Fassade Naturstein (Schiefer, Kalkstein, Granit etc.) Metallverkleidungen
Putz	Kalk Zement Gips Kunststoff mit Binder Putzträger aus Metall, Kunststoff etc.
Bodenbeläge	Holz Kunststoff Gummi Textilien Kork Fliesen
Dachstuhl	Holz Holz mit Metallteilen

Tab. 4, Fortsetzung

Bauelemente in und am Baukörper		Materialien
Verkleidung des Dachstuhls bei ausgebautem Dachraum		Holz Gipskarton Planasbest
Dachisolierung		Mineralwolle Hartschaumplatten Kunststoffbahnen Metall Glas

Baustoffe bei Einbauten		Materialien
Dacheindeckung		Holz Bitumen-Dachbahnen Bitumen-Glasvlies-Dachbahnen Kunststoff Keramische Produkte (Ton-Dachziegel) Dachsteine aus Beton
Fenster	Rahmen, Dichtungen	Holz, Kunststoff, Metall
	Füllmaterialien	PU-Hartschaum, Mineralwolle u. a.
	Beschläge, Griffe	Metall, Kunststoff
	Verglasung	Einfach, Isolier-, Wärmeschutzverglasung
Fensterbrett	(innen)	Keramik, Marmor, Holz
Türen	Rahmen, Türen	Holz, Kunststoff, Metall
	Füllmaterialien	PU-Hartschaum, Mineralwolle, Kunststoff
	Scharniere, Griffe	Metall
Sanitär	Leitungen	Zink, Kupfer
	Waschbecken etc.	Porzellan, Keramik, Marmor
	Armaturen	Metall, Kunststoff

Baustoffe bei Installationen		Materialien
Heizung	Leitungen	Kupfer, Zink, Kunststoff
	Heizkörper	Metall
Elektro	Leitungen	Kupfer, Kunststoffisolierungen
	elektrische Bauteile	Metall, Kunststoff
	Boiler	Metall, Kunststoff
	Leuchten	Metall, Kunststoff, Glas
	Beleuchtungsmittel	Glühlampen, Neonröhren, Halogenlampen

Tab. 5:   Baustoffabgang aus Modernisierungsmaßnahmen

		MFH (%)	EFH (%)
		pro m³ umbauten Raum	
Mineralische Stoffe	Erde/Lehm/Schlacke		0,07
	Mauersteine	3,45	18,61
	Beton	28,32	7,15
	Mörtel, Putz, Gips	16,51	46,22
	Kunststein, Naturstein	1,32	2,47
	Kies	6,53	0,00
	Ziegel		10,12
	Fliesen, Sanitärkeramik	2,79	0,85
Anorganische Stoffe	FE und NE-Metalle	18,49	1,09
	Stahl	1,10	0,05
	Glas	3,67	0,43
Organische Stoffe	Papier, Pappe	0,81	0,08
	Holz	7,04	9,43
	Asphalt und Bitumen	0,88	0,00
	Kunststoffe	1,61	0,28
Verbundstoffe	Dämmaterial	0,51	0,35
	Kabel	0,37	0,05
	Baustoffe auf Asbestbasis		0,07
	Teppich und Textilien	6,60	2,66
Sonstige Stoffe		1,47	0,14
Insgesamt in kg pro 100 m³ Bruttorauminhalt		1.381	7.412

Quelle: Görg 1997

4.3 Leitbilder und Indikatoren bei der Betrachtung der Stoffströme

Aus den Erkenntnissen der Enquête-Kommission „Schutz des Menschen und der Umwelt" ergeben sich als Zielsetzungen des Stoffstrommanagements:

- Verringerung des Rohstoff- und Energieeinsatzes sowie Verwendung nachwachsender Rohstoffe, wobei der Abbau erneuerbarer Ressourcen deren Regeneration nicht überschreiten soll; die nicht-erneuerbaren Ressourcen sollen nur in dem Ausmaß verbraucht werden, wie sie durch Effizienzgewinne, z. B. Innovationen, in ihrer Nutzungsdauer gestreckt werden können oder wie regenerierbare Substitute für den Zeitpunkt der späteren Erschöpfung geschaffen werden;
- Verlängerung der Lebensdauer von Produkten und Baukonstruktionen, möglichst weitgehender Erhalt der Bausubstanz, möglichst langer Verbleib von Rohstoffen im Wirtschaftskreislauf und Rückführung in den natürlichen Stoffkreislauf (möglichst geringe Stoffvielfalt in komplexen Produkten und Vermeidung von nicht trennbaren Verbundstoffen, Wiederverwendbarkeit, Rückführbarkeit in den Ausgangszustand, Recyclingsfähigkeit, Wiederholbarkeit des Recycling);
- Vermeidung toxischer Inhaltsstoffe, wobei die Freisetzung von Schadstoffen nicht größer sein darf als die Aufnahmefähigkeit der Umweltmedien (Versauerungspotential, Luftemissionen bei Produktion, Transport und Nutzung, z. B. FCKW aus Dämmstoffen) und aus den eingesetzten Baustoffen keine gesundheitlichen Belastungen für die Menschen entstehen (Arbeitsschutz: MAK-Werte bei Herstellung sowie bei Einbau durch Handwerker; Gesundheits-

schutz für die Bewohner, z. B. bezüglich Innenraumbelastung durch Immissionen aus Lösungsmitteln).

Für die Umsetzung der formulierten Zielsetzungen im Baubereich werden zwei wesentliche Parameter für die Betrachtung von Baustoffen und Bauteilen herangezogen: die Betrachtung der Prozeßkette und die zu erwartende Nutzungs- oder Betriebsdauer. Die Betrachtung der Prozeßketten gibt Aufschluß über den Grad der Bearbeitungsschritte und damit über Energieinput und Emissionen, problematische Zwischenprodukte (damit verbundenes Störfallpotential) und Rückführungs- bzw. Entsorgungsmöglichkeiten. Die Nutzungsdauer, z. B. von Dämmaterialien, ermöglicht Rückschlüsse auf die „energetische Amortisation" der aufgewendeten Primärenergie, die zeitliche Streckung des Abfallaufkommens und damit verbunden die Reduzierung der Umweltbeeinflussung bei Herstellung, Transport und Einbau neuer Baustoffe und Bauteile. Im Sinne einer nachhaltigen Entwicklung gelten folgende Grundsätze: Verwendung von Baustoffen und Bauteilen mit emissionsseitig unkritischen Prozeßketten und Einsatz von Baukonstruktionen mit hoher Nutzungs- und Betriebsdauer.

Werden für bestimmte Anwendungen nach dem derzeitigen Stand der Technik Stoffe eingesetzt, die nur mit einem hohen Grad an Bearbeitungsschritten erzeugt werden können (,,kritische Prozeßkette"), so muß eine möglichst lange Nutzungsdauer (,,Langlebigkeit") sichergestellt sein. Zu vermeiden ist der Einsatz von Baukonstruktionen mit kritischen Prozeßketten für Einsatzgebiete mit zu erwartender kurzer Nutzungsdauer.

Grundsätzlich gilt für den Baubereich, daß Primärkonstruktionen mit langlebigen Bauteilen erstellt werden sollen. Zur Wahrung der Flexibilität und/oder Umnutzung sollten Ausbaukonstruktionen aus Bauteilen mit einem hohen Grad an wiederverwertbaren Baustoffen erstellt werden. Zur Beurteilung der möglichen Nutzungsdauer gehört auch der zu erwartende Pflege- und Unterhaltungsaufwand.

Hinsichtlich der Bauabfälle sollten folgende Leitsätze gelten, und zwar mit Priorität in der genannten Reihenfolge:

- Vermeidung von problematischen Abfällen (z. B. große Mengen, problematische Inhaltsstoffe, keine Wiederverwendbarkeit oder Recyclingsfähigkeit) durch Verwendung umweltfreundlicher Baustoffe, Minimierung von Materialmengen, Bewußtsein der Entsorgungsnotwendigkeit schon beim Einbau
- Verminderung von Abfällen durch Trennen an der Quelle, sortenreines Sammeln, sorgfältiges Arbeiten
- Verwertung von Abfallstoffen, z. B. für neue Produkte oder Sekundärbaustoffe
- sachgerechte Behandlung und umweltgerechte Deponierung nicht verwertbarer Abfälle.

4.4 Problematik der Beurteilung von Baustoffen und Baukonstruktionen durch Baupraktiker

Ein Ergebnis der Fallstudien, der intensiven Gespräche und des Workshops mit Akteuren war, daß bei Baupraktikern und Investoren eine erhebliche Verunsicherung über die Einschätzung von Baustoffen hinsichtlich ihrer Nachhaltigkeit, die in der öffentlichen Diskussion gemeinhin unter „ökologischer Qualität" verstanden wird, besteht. Hierzu wird im folgenden ein Überblick über die Literatur gegeben, die üblicherweise von „ökologisch" interessierten Baupraktikern genutzt wird. Wissenschaftliche Studien, ausführliche Ökobilanzen, Fachveröffentlichungen der Dämmstoffindustrie und generell neueste Erkenntnisse werden nur selten herangezogen. Die dargestellte Literatur gibt daher den Stand der Diskussion in der „ökologischen" Baupraxis wieder, wobei angesichts des Umfangs der verfügbaren Literatur kein Anspruch auf Vollständigkeit erhoben werden kann.

Die untersuchten Veröffentlichungen verwenden zur Beschreibung des Sachverhaltes die Begriffe „ökologisch", „umweltschonend", „umweltverträglich", „umweltbewußt" sowie „baubiologisch", „niedrigentropisch" und „recyclingfähig" nahezu synonym.

In den meisten der ausgewählten Publikationen wird die grundsätzliche Problematik einer ökologischen Bewertung angesprochen. Danach gibt es in der Fachliteratur heute noch wenig konkrete Aussagen über ökologische Kriterien (Haefele u. a. 1996); deshalb sollte grundsätzlich für die Baustoffwahl das Prinzip der Schadstoffminimierung gelten, „weil eine generelle Bewertung von Baustoffen bezüglich gesundheitlicher Relevanz und anderer ökologischer Parameter von offizieller Seite nicht erfolgen wird" (Tomm 1992). „Baustoffe werden zwar bezüglich ihrer Eigenschaften in konstruktiver Hinsicht, bezüglich ihres Schall- und Wärmeschutzes oder ihres Verhaltens im Brandfall geprüft, eine durchgehende Untersuchung bezüglich ihrer ökologischen oder gesundheitlichen Auswirkungen fehlt aber noch" (Ranft u. Löfflad 1997). Es existiert ein „vielfältiges, unüberschaubares Angebot an Baustoffen und Bauprodukten" (Kolb 1991) und ein „Dickicht undurchschaubarer und unvergleichbarer Aussagen über Produkte-Ökobilanzen" (INTEP u. Steiger 1995). „Die Datenlage bezüglich Baustoffen, Bauteilen und Bauprozessen ist nach wie vor sehr dürftig" (Kasser u. Amman 1992). Ein konsequentes, auf die ökologischen Zielsetzungen hin ausgerichtetes Berechnungsmodell für Graue Energie oder für Ökobilanzen fehle (Kasser

u. Pölle 1995). „Wegen der Vielschichtigkeit der Zusammenhänge und der zum Teil widersprüchlichen Aussagen zu den Baumaterialien herrscht bei den Anwendern – Architekten, Handwerkern und Heimwerkern – große Unsicherheit bei der Entscheidungsfindung" (Zapke u. Gerken 1993). „Die Auswahl der Bewertungskriterien und die Entscheidung, welchen Zielen Priorität eingeräumt wird, kann niemals ein objektiver oder wissenschaftlicher Prozeß sein. Sie ist immer subjektiv" (Katalyse 1993). Auch Ems u. a. (1989) bezeichnen ihre Bewertung als subjektiv, „indem die Stoffdaten an unseren Vorstellungen von Umweltverträglichkeit gemessen und daraus Empfehlungen abgeleitet wurden".

Hinsichtlich der angestrebten Ziele und Kriterien für eine ökologische Bauweise läßt sich weitgehende Übereinstimmung feststellen:

- geringer Primärenergiebedarf der Stoffe und Konstruktionen
- Bevorzugung nachwachsender und unbegrenzt verfügbarer Rohstoffe
- Minimierung von Schadstoffeinträgen in Umwelt und Innenraum
- Einsatz wiederverwertbarer Baustoffe und Bauteile.

Diese Ziele beinhalten auch Langlebigkeit der Stoffe und Produkte sowie möglichst vollständige Stoffkreislaufführung. Einige sehr häufig verwendete Baustoffe, die auch für die Altbaumodernisierung relevant sind (Umbau, Erweiterung, Wärmedämmung) werden in der „ökologischen" Literatur wie folgt beurteilt:

Mit Ausnahme der Baustoffe Holz und Lehm werden für alle betrachteten Baustoffe und Baukonstruktionen Einschränkungen bezüglich der Umsetzung der angestrebten Ziele genannt. Ungebrannter Lehm und Holzkonstruktionen erfüllen weitgehend die Forderungen nach geringem Primärenergieeinsatz, nachhaltiger Gewinnung, geringer Schadstoffemission und Wiederverwendung oder Rückführung in den Naturkreislauf (Haefele u. a. 1996, Bredenhals u. Willkomm 1996). Bei Holz wird vor allem auch auf die ausgeglichene CO_2-Bilanz hingewiesen. Es wird vorausgesetzt, daß das Holz aus nachhaltiger Bewirtschaftung stammt, die Behandlung mit Problemstoffen wird in der Regel nicht in die Betrachtung einbezogen. Holz gilt als Inbegriff des gesunden Bauens und Wohnens; tatsächlich wird aber kaum unbehandeltes Holz verwendet, Holzschutzmittel haben nicht selten toxische Inhaltsstoffe und die Entsorgung behandelter Hölzer ist derzeit in Diskussion (Schlag 1998).

Bei allen anderen Baustoffen werden die formulierten Kriterien für nicht vollständig erfüllbar gehalten. Ziegelprodukte für Wand- und Dachkonstruktionen werden in den untersuchten Publikationen zumeist als ein ökologisch positiv zu beurteilender Baustoff beschrieben, wobei der vergleichsweise hohe Energiebedarf für die Herstellung (insbesondere von Klinkern) einschränkend vermerkt wird. Dem stehe jedoch die Langlebigkeit gegenüber. Bezüglich der Schadstoffemissionen in den Innenraum gelten die Ziegel als unbedenklich. Sie werden außerdem wegen ihrer ausgleichenden Diffusionsfähigkeit für den Innenraum positiv bewertet (Haefele u. a. 1996), was den Stoffaustausch über die Lüftung völlig unterschätzt.

Bei Porenbetonsteinen – als eine weitere Konstruktionsmöglichkeit für einen monolithischen Wandaufbau – wird darauf hingewiesen, daß Schadstoffemissionen durch Zusatzstoffe und Verarbeitung auftreten, v. a. durch Verwendung von Klebern, die auch Schwierigkeiten beim Recycling verursachen (Göhler 1996, Tomm 1994), während Porenbeton in homogener Form für gut recylingfähig gehalten wird (Bredenhals u. Willkomm 1996). Es finden sich deutlich weniger Aussagen zu

Porenbeton als zum Ziegelbau in der Literatur. Insgesamt erscheint Porenbeton als „empfehlenswert", vor allem für den Innenausbau (Tomm u. Herrmann 1994). Kalksandstein gilt als weitgehend schadstofffrei und wird bei Zusatz von Quarzsand bedingt und bei Zusatz von Kalksand uneingeschränkt empfohlen (Büeler 1995).

Andere tragende Massenbaustoffe finden aufgrund geringen Wärmedämmvermögens nur in mehrschaligen Konstruktionen Anwendung. Mehrschalige Außenwandkonstruktionen sind grundsätzlich anders zu beurteilen, da hier in der Regel eine Reihe von Baustoffen mit gänzlich verschiedenen Materialeigenschaften miteinander verbunden werden. Die Bedeutung solcher Konstruktionen ist durch erhöhte Anforderungen an den Wärmeschutz entscheidend gestiegen, obwohl sie meist bauphysikalisch komplizierter und in der Ausführung schwieriger zu realisieren seien als monolithische Konstruktionen (Borsch-Laaks 1993). Eine häufig eingesetzte Konstruktion ist die Außenwand mit innerer tragender Schale und einem außen aufgebrachten Wärmedämmverbundsystem. Auf die Dämmung werden mineralische oder Kunststoffputze aufgetragen. Diese Konstruktion ist bei der energetischen Verbesserung bestehender Gebäude die bei weitem gebräuchlichste Maßnahme. „Eine ökologische Bewertung der Verbundstoffe ergibt sich aus der Bewertung der Komponenten, vor allem der Dämmstoffe" (Haefele u. a. 1996). Ein besonderes Problem bei Wärmedämmverbundsystemen stelle jedoch das Recycling dar: „Recyclinghindernisse verursachen alle nicht lösbaren Materialverbindungen, wie sie z. B. bei den meisten Wärmedämmverbundsystemen vorkommen" (Bredenhals u. Willkomm 1996). „Eine Alternative zu Vollwärmeschutzsystemen stellen Wärmedämmputze dar, bei denen dem Putzmörtel wärmedämmendes Granulat zugeschlagen wird, vor allem Styropor, Blähton oder Perlite. Eine ökologische Bewertung ergibt sich aus der Bewertung der Zuschlagstoffe" (Haefele u. a. 1996).

Der Einsatz von Dämmstoffen ist infolge der Bemühungen um die Verminderung des Heizenergiebedarfs rasant angestiegen. Die Menge der Dämmstoffe müßte sogar noch verdoppelt werden, um die CO_2-Emissionen im Gebäudebereich entsprechend der politischen Ziele zu vermindern (Eicke-Hennig 1997). Die Bedeutung einzelner Dämmstoffe auf dem Markt zeigt Tabelle 6, danach ist die Mineralwolle mit Abstand führend, gefolgt von organischen Schaumstoffen. Organische Faserstoffe natürlichen Ursprungs haben zur Zeit noch eine geringe Marktbedeutung; ihr Anteil nimmt jedoch zu.

Tab. 6: Marktanteile von Dämmstoffen in Deutschland (1996)

Dämmstoff	Verbrauch (m³)	Anteil (%)
Mineralwolle	18.980.000	59,27
EPS-Hartschäume	9.100.000	28,40
PUR-Hartschäume	1.365.000	4,25
Polystyrol-Extruderschaumstoffe	985.000	3,07
Perlite	400.000	1,27
Dämmende Leichtbauplatten	310.000	0,96
Zellulose	300.000	0,95
Weichholzfaserplatten	200.000	0,63
Schaumglas	180.000	0,57
Schafwolle	70.000	0,22
Baumwolle	60.000	0,19
Flachs, Hanf	30.000	0,10
Kork	30.000	0,10
Schilf, Stroh, Kokos u. a.	5.000	0,02
Insgesamt	32.015.000	100,00

Quelle: GDI-Dämmjournal 6 (Dezember 1997)

In der von Praktikern gelesenen „ökologischen" Literatur werden *Polystyrol- und Polyurethan-Dämmstoffe* in der Regel als nicht umweltfreundlich dargestellt. Kritikpunkte sind die

Rohstoffbasis Erdöl, Emissionen bei der Herstellung und im Brandfall sowie Probleme bei der Entsorgung (Borsch-Laaks 1993, Tomm 1992, Gerdsen u. a. 1996, Tomm u. Hermann 1993). „Die Ausgangsmaterialien sind äußerst giftig. Das Endprodukt ist nicht mehr umwelt- und gesundheitsgefährdend, wird dies jedoch bei eintretendem Brandfall" (Haefele u. a. 1996). Eine Differenzierung der Dämmstoffe nach ihrem Primärenergieaufwand gilt inzwischen angesichts der kurzen energetischen Amortisationsdauer nicht mehr als gerechtfertigt (UBA/BAU 1998); jedoch wird in der „ökologischen" Literatur auf die sehr unterschiedlichen Angaben zum Primärenergieverbrauch der anorganischen Dämmstoffe hingewiesen.

Dämmstoffe aus *Mineralwolle* waren in den vergangenen Jahren Gegenstand einer eingehenden Diskussion um die mögliche Lungengängigkeit und damit möglicherweise kanzerogene Auswirkungen der Faserstäube. Eine abschließende verbindliche Beurteilung steht noch aus. Schlecht schneidet die Mineralwolle in der „ökologischen" Literatur hinsichtlich der gesundheitlichen Risiken und des Recycling ab (Ems u. a. 1989, Fachkommission 1993), gut erscheint dagegen die Nutzung heimischer Ressourcen, z. B. Gestein, Quarz, Schlacke und Altglas (Tomm u. Herrmann 1994). Es wird darauf hingewiesen, daß bei Beachtung der Verarbeitungshinweise und der vorgeschriebenen Schutzkleidung die Möglichkeit einer gesundheitlichen Beeinträchtigung durch Feinstfasern sowie durch Zusatzchemialien gering erscheinen (Haefele u. a. 1996, Tomm 1992, Gerdsen u. a. 1996). Die Wiederverwendbarkeit der mineralischen Faserstoffe ist umstritten (Tomm u. Hermann 1994, Gerdsen u. a. 1996).

Wegen der großen mengenmäßigen Bedeutung der Mineralwolle und der möglichen Gefährdung bei der Verarbeitung hat sich das Umweltbundesamt intensiv mit diesem Stoff befaßt. Untersuchungen und Anhörungen erbrachten folgende

Ergebnisse: Während der Nutzungsphase können Mineralstoffe als relativ ungefährlich gelten (wenn durch Dampfsperre oder Verkleidung abgedeckt), große Belastungen ergeben sich aber beim Ein- und Ausbau, bei bautechnischen Mängeln oder bei vorübergehenden baulichen Eingriffen (UBA/BAU 1998).

Für häufig eingesetzte Mineralfaserstoffe (Glas-, Steinwolle) sind wenig gleichwertige Ersatzmaterialien verfügbar. Es sind jedoch Produktmodifikationen und andere Abhilfemaßnahmen möglich und teilweise schon realisiert, z. B. bessere Bindemittelsysteme, bessere Abdichtungen, Vorkonfektionierung, Schnittkantenversiegelung oder Ummantelung (UBA/ BAU 1998). Das Umweltbundesamt und die Bundesanstalt für Arbeitsschutz und Arbeitsmedizin schätzen daher die neue Mineralwolle-Generation als wesentlich weniger gefährlich ein (UBA/BAU 1998). In den Vordergrund wird die Konstruktion gestellt, da je nach baulichem Kontext einzelne Stoffe unterschiedlich zu bewerten sind.

Schaumglas erscheint in der „ökologischen" Literatur durchweg als empfehlenswerter Baustoff, „mit ausgeprägten Vorteilen für besondere Einsatzbereiche" (Göhler 1996). Risiken werden nur bei der Verwendung von Klebstoffen und in der möglichen Entstehung von Glasstaub bei der Verarbeitung gesehen (Fachkommission 1993). Auch bei Schaumglas ist die Recyclingsfähigkeit umstritten.

Perlite werden in der „ökologischen" Literatur sehr unterschiedlich beurteilt. Positiv werden die lange Lebensdauer und die Wiederverwendbarkeit eingeschätzt, nachteilig der hohe Energiebedarf bei Herstellung und Transport (Göhler 1996). Teilweise werden gesundheitliche Bedenken angeführt (Radioaktivität, Bitumen-Ummantelung, Imprägnierung) (Fachkommission 1993, Haefele u. a. 1996), teilweise wird der Stoff als umweltfreundlich bezeichnet (Borsch-Laaks 1993). Vorteile wegen der Einsatzmöglichkeiten werden insbesondere im Altbau gesehen, wo Platten oder Matten nicht angebracht werden können (Baubiologie 1997). Bemerkenswert ist, daß in einem Förderprogramm der Stadt München Bläh-Perlit als einziger baubiologisch/ökologisch unbedenklicher Dämmstoff bezeichnet und – zusammen mit anderen Dämmstoffen aus nachwachsenden Rohstoffen – gegenüber anderen Stoffen um 30 % höher bezuschußt wird (Dämm-Nachrichten 1997).

Zellulosefasern werden in der „ökologischen" Literatur durchweg für empfehlenswert gehalten: Der Energieeinsatz bei der Herstellung wird als gering, Rohstoff als ausreichend verfügbar, z. B. selbst als Recyclingprodukt (Altpapier) dargestellt, schädliche Nebenprodukte in der Prozeßkette oder Probleme bei Entsorgung oder Wiederverwendung werden nicht beschrieben. Bedenklich erscheinen jedoch die Staubentwicklung bei der Verarbeitung (Haefele u. a. 1996) und große Mengen Borsalz im Material (Göhler 1996). Zur Belastung durch Faserstäube bei Installations- und Wartungsarbeiten stehen Untersuchungen und abschließende Bewertungen noch aus (UBA/BAU 1998). Nicht behandelt wird in der „ökologischen" Literatur die Problematik der Schadstoffkette bei der Verwendung rezyklierter Materialien, z. B. Schwermetalle im Altpapier.

Alle übrigen organischen Dämmstoffe werden in der „ökologischen" Literatur positiver beurteilt als Mineralwolle und Dämmstoffe auf Erdöl-Basis. Weichholzfasern, Kork, Baumwolle, Schafwolle, Hanf, Schilf und Kokosfasern gelten als Dämmaterial auf der Basis nachwachsender Rohstoffe als besonders empfehlenswert im Hinblick auf die Ziele der nachhaltigen Entwicklung. Zum Teil stellen sie einen wichtigen Bestandteil des ökologischen Landbaus dar (Baubiologie 1997). Sie werden als gesundheitlich unbedenklich beschrieben, wobei aber auf Zusatzstoffe meist nicht eingegangen wird.

Jedoch wird auf die zum Teil weiten Transportwege hingewiesen, z. B. bei Kokos, Kork und Baumwolle (Tomm 1992).

Die Herstellung von *Weichholzfasern* gilt als energieintensiv, die Wiederverwendung ist mit hohem Aufwand verbunden, jedoch ist die Kompostierung möglich. Ohne Zusatz von Bitumen werden die Holzweichfasern als empfehlenswert oder sehr empfehlenswert eingestuft (Büeler 1995, Göhler 1996).

Kork wird wegen der begrenzten Ressourcen nicht als echte Alternative zu anderen Dämmstoffen eingeschätzt (Gerdsen u. a. 1996). Häufig werden problematische Zusatzstoffe wie Bitumen oder Kunstharz als Binde- oder Lösemittel verwendet (Fachkommission 1993). Aufgrund relativer Neuheit und bisher geringer Marktanteile wird dieser Stoff in den meisten Publikationen nicht erwähnt. *Baumwolle* erscheint in der Verwendung als umweltfreundlich (Haefele u. a. 1996), als bedenklich werden jedoch die Umweltschäden bei der Produktion erwähnt, z. B. Monokulturen und beträchtlicher Pestizideinsatz (Göhler 1996). Die Aussagen über *Schafwolle* sind in der Literatur dürftig. Schafwolle wird wegen der positiven Ökobilanz bezüglich des Rohstoffs, der Verwendung und des Recycling trotz der Verwendung problematischer Chemikalien zum Mottenschutz als sehr gut (Haefele u. a. 1996) oder empfehlenswert (Büeler 1995) eingestuft. Bei *Kokosfasern* wird die Prozeßkette für unbedenklich gehalten und zur Anwendung empfohlen, sofern der Stoff nicht für den Transport mit Insektiziden behandelt und mit Bitumen oder Kunststoffdispersionen gebunden wird (Tomm u. Herrmann 1994, Haefele u. a. 1996), wobei allerdings auch auf den hohen Transportaufwand hingewiesen wird (Büeler 1995, Göhler 1996). Weitere generelle Probleme bei Dämmstoffen aus Naturfasern sind die Mengenverfügbarkeit und Einbaubeschränkungen, so daß diese Stoffe zwar das Angebot bereichern, aber andere Dämmstoffe nicht ersetzen können (Eicke-Hennig 1997).

Für die Baupraktiker ergibt sich das Problem, daß ihm letztlich keine gesicherten und einfachen Beurteilungen der Bau- und Dämmstoffe als Entscheidungsgrundlage zur Verfügung stehen. In vielen Fällen fehlen quantitative Angaben, um überhaupt einen Vergleich nachvollziehbar durchführen zu können. Es ist deshalb erforderlich, daß von einer neutralen Stelle (z. B. Umweltbundesamt) überschaubar aufbereitete Informationen erstellt werden. Es kann nicht davon ausgegangen werden, daß sich die Baupraktiker intensiv mit wissenschaftlichen Studien beschäftigen und das Für und Wider bestimmter Stoffe gegeneinander abwägen, da sie hierfür keine Zeit haben. Eine Basis wurde durch mehrere neuere Studien geschaffen (z. B. UBA/BAU 1998, Buchert u. a. 1997), wobei sich in der erstgenannten Studie für das Umweltbundesamt alle Hersteller bei Anhörungen an der Erkenntnisgewinnung beteiligen konnten. Dabei zeigte sich allerdings auch, daß es keine einfachen Regeln gibt, die z. B. zugunsten der Dämmstoffe aus nachwachsenden Rohstoffen sprächen. Schließlich ist eine Vielzahl technischer und wirtschaftlicher Aspekte, Gesichtspunkte des Arbeits-, Verbraucher- und Umweltschutzes über den gesamten Lebenszyklus der Produkte und die verschiedenen baukonstruktiven Verwendungen zu berücksichtigen.

Eine Studie in der Schweiz, die sich mit Ökobilanzen der Dämmstoffe befaßte (Richter u. a. 1995) kam zu dem Ergebnis, daß es zum Untersuchungszeitpunkt unter Betrachtung aller Gesichtspunkte einer nachhaltigen Entwicklung noch kein Produkt gab, das alle Kriterien gleichermaßen erfüllt und deshalb Kompromisse unausweichlich sind. Einzelne Stoffe haben nicht nur verschiedene Vor- und Nachteile in unterschiedlichen Phasen im Lebenzyklus, was eine Gesamtbeurteilung erschwert, sondern es fehlt auch an vollständigen und objektiven Bewertungsmethoden im naturwissenschaftlichen Sinne sowie an einer ausreichenden Datenbasis, z. B. über die Lebensdauer und die Entsorgungsphase neuer Produkte (Richter u. a. 1995).

Die bestehenden gesetzlichen Vorschriften, die Herstellung, Verarbeitung und Entsorgung von Baustoffen betreffen, sind umfangreich: Bauproduktengesetz, Bundesimmissionsschutzgesetz, Chemikaliengesetz, Wasserhaushaltsgesetz, Kreislaufwirtschafts- und Abfallgesetz, Gefahrstoffverordnung sowie die Bauordnungen der Länder. Trotz dieser rechtlichen Rahmenbedingungen erhält der Anwender (Investor, Handwerker, Heimwerker, Planer) z. B. keine verbindlich geregelten produktspezifischen Informationen über Dämmstoffe (UBA/BAU 1997).

Das Umweltbundesamt fordert deshalb eine Verbesserung des Informationsflusses für die Bauwirtschaft und die Verbraucher (UBA/BAU 1997). Gleichwohl erscheint es heute nicht möglich, ein einfaches Beurteilungssystem und konkrete Empfehlungen für die Praktiker zur Verfügung zu stellen. Die Erstellung einer Broschüre aufgrund von Untersuchungsergebnissen ist derzeit in Bearbeitung (Buchert u. a. 1997).

5 Akteure und Entscheidungsprozesse bei der Altbaumodernisierung

Der Bausektor ist durch eine besonders hohe Zahl unterschiedlichster Beteiligter gekennzeichnet, wodurch ein zielführendes Stoffstrommanagement erschwert wird. Die Beteiligten bei der Altbaumodernisierung lassen sich in folgende Gruppen einteilen:

1. Eigentümer (Einfamilienhäuser, Kleineigentümer, Baugesellschaften, Genossenschaften, sozialer Wohnungsbau)
2. Bauträger
3. Bewohner, Mieter
4. Planer: Architekten, Fachplaner (Statiker, Ingenieure etc.)
5. Handwerker der unterschiedlichsten Gewerke (v. a. Baufirmen, Dachdecker, Fensterbauer, Stukkateure, Maler, Schreiner)
6. Hersteller und ihre Vorlieferanten
7. Fachhandel, Baumärkte
8. Baubehörden (z. B. Genehmigungsbehörden, Denkmalamt)
9. Berater (z. B. freie Berater, Verbraucherzentrale, Steuerberater)
10. Finanzierungsinstitute (z. B. Banken, Bausparkassen) und Förderinstitutionen
11. Stadtwerke, Energiedienstleistungsunternehmen

In der Literatur werden die Akteure im Hinblick auf ihre Einflußmöglichkeiten im Stoffstrommanagement wie folgt gegliedert (de Man 1993, IÖW 1994, Grieshammer u. Buchert 1996):

- wirtschaftliche Akteure, die unmittelbar Stoffströme beeinflussen: Akteure, die Anlagen bedienen, Produktionsentscheidungen treffen, Produkte entwickeln: Baustoffindustrie, Chemieindustrie, Bauunternehmen, Wohnbaugesellschaften
- wirtschaftliche Akteure, die durch ihre Entscheidungen Stoffauswahl anderer Akteure beeinflussen: Großhandel, Fachhandel, Banken und Versicherungen (sehr indirekt), Architekten.
- wirtschaftliche Akteure, die Rahmenbedingungen für das Stoffstrommanagement setzen (Verbände: können Information und Sachverstand sammeln): Industrieverbände, Handwerkskammer, Architektenkammer
- staatliche und administrative Akteure, die den anderen Akteuren Rahmenbedingungen setzen: Gesetzgeber, Behörden (z. B. Bauämter), öffentliche Hand als Bauherr
- sonstige institutionelle Akteure: Verbraucherorganisationen, Umweltverbände, mit Normung Befaßte
- Verbraucher.

Tabelle 7 zeigt die Handlungsmöglichkeiten der verschiedenen Akteure, die für ein zielführendes Stoffstrommanagement ergriffen werden müßten. Die Interessen und Hemmnisse, welche die Wahrnehmung dieser Aufgaben einschränken oder verhindern, werden in den folgenden Abschnitten ausführlich geschildert. Sie stützen sich in der Regel auf die empirischen Erkenntnisse, die in den Fallstudien, in den Gesprächen und im Workshop gewonnen wurden.

Die Hauptverantwortung für die Baustoffwahl und die Durchführung von Wärmedämm-Maßnahmen sowie für die Entsorgung von Bauschutt hat der Eigentümer. Hier sind folgende Konstellationen zu unterscheiden:

- Einfamilienhäuser und Eigentumswohnungen im Streubesitz

Tab. 7:   Handlungsmöglichkeiten von Akteuren

Handlungs- möglichkeiten	Ziele	Maßnahmen
• *Bauherr:* Entscheidung für ökologische Baustoffe und Wärmedämmung	• Bewußtseinsbildung • besserer Kenntnisstand • Vorhandensein guter Beispiele	• geeignete Information • Beratung durch Planer, Lieferant, Händler etc. • Weiterbildungskurse
• *Architekt:* den Bauherrn überzeugen und den eigenen Entscheidungsspielraum nutzen	• besserer Kenntnisstand • zielgerechte Bauleitung • eigenes ökologisches Bewußtsein	• Weiterbildung • Veränderung der HOAI • Workshops mit anderen Akteuren
• *Handwerk:* den Bauherrn überzeugen, zielgerechte Ausführung	• besserer Kenntnisstand • gute Argumente („Qualität")	• Weiterbildung • Teamarbeit der Gewerke
• *Berater:* bessere Überzeugungskraft, mehr Adressaten erreichen	• flächendeckende Beratung • aktives Beratungsangebot	• Kooperation der Beratungseinrichtungen • geeignete Beratungsinstrumente
• *Hersteller:* ökologische Produkte, technische Optimierung; *Branchenverbände:* Information	• Herstellung ökologischer Produkte	• Selbstverpflichtungen • Workshop mit Anwendern
• *Handel:* Sortimentswahl, Beratung	• Angebot ökologischer Produkte	• Information • Weiterbildung
• *Verbraucher:* ökologisches Verhalten, Nachfrage	• ökologisches Bewußtsein	• Information • Weiterbildung • kooperative Beschaffung
• *Baubehörden:* mehr Einfluß nehmen	• Einhaltung der WSVO • Motivation der Bauherren • Vorbildfunktion	• verbesserte Vollzugsrichtlinien, Kontrollen • Energiepaß
• *Staat:* Rahmenbedingungen	• nachhaltige Entwicklung • CO_2-Reduktionsziel	• Initiativen für Akteurskooperationen • Verordnungen • finanzielle Förderung

- Liegenschaften von freien Wohnungsunternehmen
- Liegenschaften von Versicherungen und anderen großen Eigentümern
- Sozialer Wohnungsbau.

Nicht nur die Interessen der Eigentümer stehen oft gegen Entscheidungen zugunsten eines nachhaltig zukunftsfähigen Wirtschaftens, sondern auch die Interessen der übrigen Akteure, die im Anschluß zusammengestellt werden.

Generelle Hemmnisse

Sinnvoller als jeder ökologisch noch so optimierte Neubau ist die Erhaltung der Altbausubstanz (Ranft 1994). Der Neubau nimmt jedoch bei allen Akteuren einen viel größeren Stellenwert ein als der Altbau. Auch von staatlicher Seite wird die Modernisierung weit weniger gefördert als der Neubau, sowohl was Sonderprogramme als auch was die steuerliche Berücksichtigung anbetrifft (ITAS u. a. 1996); dies gilt für selbstnutzende Eigentümer und für Vermieter. In den neuen Bundesländern erscheint der Sanierungsrückstau von bis zu 1.500 DM/m^2 kaum finanzierbar; die Förderung greift hier zu wenig (Anhörung 1996). Umfassende Sanierungen finden fast nur statt, wenn hochwertiger Wohnraum mit hohen Mieteinnahmen entsteht, der stark geschädigten Bausubstanz droht der Verfall.

Als weiteres Problem wird durchgängig beklagt, daß die derzeitigen Energiepreise nicht die volkswirtschaftlichen Kosten widerspiegeln, die sie verursachen. Außerdem ist ihre Entwicklung schwer absehbar; es wird von Fachleuten eher angenommen, daß sie langfristig steigen, und darauf hingewiesen, daß man mit gleichzeitigen Wärmedämm-Maßnahmen mit relativ geringen Mehrkosten bei ohnehin stattfindenden Modernisierungsarbeiten „auf der sicheren Seite" liegt (Feist bei BMBau-Symposium 1997). Ähnliches gilt generell für die Rohstoffpreise, die im allgemeinen keinen Anreiz zum sparsamen Umgang und zur Wiederverwendung geben. Daß die Kosten großen Einfluß nehmen können, zeigt das Beispiel der Deponiekosten, die bereits zu einer bewußteren Behandlung des Bauschutts führten.

Ein generelles Problem ist der Mangel an geeigneter Information über ökologische Baustoffe und Dämmstoffe, die als Entscheidungsgrundlage dienen kann. Die Vielfalt der Baustoffe ist äußerst komplex, und es existiert eine Flut von Fachliteratur, Broschüren, Prospekten, Presseartikeln etc. Es gibt jedoch keinen handhabbaren Überblick, keine einheitlichen Bewertungskriterien und keine ausreichende Kennzeichnung von Stoffen und Produkten. Die Verunsicherung ist daher auf diesem Gebiet sehr groß.

Einer Kreislaufwirtschaft im Bauwesen im Sinne einer dauerhaften Wiederverwendung von Stoffen auf hoher Qualitätsstufe stehen besondere Hemmnisse im Wege (Görg 1997): Die heterogene Zusammensetzung der Bauabfälle sowie hohe abfallwirtschaftliche und rechtliche Anforderungen bedingen komplexe Entsorgungsstrukturen. Die lange Zeitdauer zwischen Einbau von Materialien und Abfallentsorgung und die Tatsache, daß unterschiedliche Akteure im Neubau und bei der Modernisierung beteiligt sind, erschweren die Einsicht der Baubeteiligten in ihre Verantwortung. Hinzu kommt die rasche technische Entwicklung, die sich z. B. auf Änderungen in der Zusammensetzung von Stoffen (z. B. Verbundstoffe) und in der Bautechnik (z. B. Verkleben, Verschweißen) auswirkt.

Im folgenden sind die Entscheidungsstrukturen und Hemmnisse der einzelnen Akteursgruppen aufgeführt (vgl. auch Enquête-Kommission 1990).

Eigentümer des Bestands im Streubesitz

Eigentümer von Einfamilienhäusern, Eigentumswohnungen und kleinen Wohneinheiten befassen sich nur dann mit dem Thema, wenn eine Modernisierung ansteht und konkret geplant wird. Ein wesentliches Hemmnis ist deshalb der Mangel an Information über ökologische Baustoffe und sinnvolle Dämmstärken, Vor- und Nachteile einzelner Materialien, Kopplung mit anderen Arbeiten an Außenwänden, Kosten und Wirtschaftlichkeit. Es gibt zwar viel Literatur zum Thema, sie ist aber wenig geeignet für die meisten Kleineigentümer. Es fehlen energietechnische Kenntnisse und der Marktüberblick. Meist werden an den Außenwänden, an Dach und Keller nur unbedingt notwendige Instandhaltungsmaßnahmen durchgeführt, die im wesentlichen eine Wert- und Komfortverbesserung bringen sollen. In der Regel handelt es sich um Einzelmaßnahmen, die nicht dem Bauordnungsrecht unterliegen; im allgemeinen wird auch kein Architekt eingeschaltet. Eine gesamtheitliche Betrachtung des Bauwerks findet nicht statt, und die Maßnahmen orientieren sich nicht an einem Gesamtkonzept, so daß mitunter die Investitionsreihenfolge falsch ist, z. B. Heizungserneuerung vor einer Wärmedämmung und dadurch Überdimensionierung der Heizanlage.

Hinzu kommen negative Schlagzeilen über einzelne Wärmedämmstoffe und widersprüchliche Aussagen, die aus der Baufachwelt wahrgenommen werden, z. B. das „notwendige Atmen der Wände", mögliche Bauschäden oder der Konflikt zwischen Wärmedämmung und -speicherung. Solche Informationen erzeugen Unsicherheit bei den Eigentümern, zumal sie teilweise auch von ihren Beratern, meist Handwerkern, widersprüchlich beraten werden. Die Inanspruchnahme einer neutralen Beratung, z. B. in einer Verbraucherberatungsstelle, kostet Zeit und ist nicht flächendeckend möglich, insbesondere seit die öffentliche Förderung zum Thema Energiesparen erheblich zurückgefahren wurde (dies soll laut Presseberichten jetzt wieder rückgängig gemacht worden sein). Auch die Beratungsstellen der Energiversorger bieten eher selten kompetente Beratung zur Wärmedämmung an. Insgesamt nutzt nur ein sehr kleiner Teil der Eigentümer die Beratungsangebote.

Finanzielle Restriktionen werden demgegenüber von den Hemmnisforschern nicht als zentraler Grund angesehen, daß Bauherren nicht in Wärmedämmung investieren (Frahm u. a. 1997). Meist werden insgesamt Kostenobergrenzen festgelegt, und mit den vorhandenen Mitteln werden andere Prioritäten gesetzt, z. B. für Raumerweiterung, Innenausstattung und Einrichtung, statt ökologischen Kriterien Rechnung zu tragen. Häufiger wird das Argument der fehlenden Wirtschaftlichkeit bemüht, das aber in der Regel auf Informationsmangel beruht.

Ressourcenschonendes Wohnen bedeutet für große Teile der Bevölkerung immer noch Verzicht auf Wohnkomfort, der sich als unvereinbar mit einem selbstbestimmten Lebensstil darstellt. Fast alle Haushalte wünschen sich ein – möglichst freistehendes – Einfamilienhaus mit großem Grundstück (Anhörung 1996).

Bei Einfamilienhäusern und Kleineigentümern werden Modernisierungsarbeiten in aller Regel ohne Architekt und ohne Gesamtplanung durchgeführt. Die einzelnen Arbeiten werden je nach Anfall direkt an die jeweiligen Gewerke vergeben oder in Eigenleistung ausgeführt. Dabei kommt häufig die ökologische und energietechnische Gesamtbetrachtung zu kurz.

Kleineigentümer von Mietwohnungen

Vermieter kleinerer Wohneinheiten beschäftigen sich mit ökologischen Fragen und mit der energietechnischen Qualität ihrer Immobilien allenfalls am Rande, z. B. wenn Beschwerden der

Mieter auftreten; sie haben ebenfalls wenig Kenntnisse zum Thema und keinen finanziellen Anreiz für Investitionen in wärmedämmende Maßnahmen, da die Mieter die Heizkosten bezahlen. Insbesondere in den vergangenen Jahren, als Wohnungsknappheit herrschte, spielten ökologische und energietechnische Gesichtspunkte kaum eine Rolle, zumal sie bei einer Wohnungsbesichtigung von den Interessenten kaum festgestellt werden können und die Höhe der Heizkosten der Vormieter auch nur bedingt aussagekräftig ist. Zwar können 11 % der Modernisierungskosten pro Jahr auf die Miete umgelegt werden, nicht alle Vermieter denken jedoch betriebswirtschaftlich, sondern gehen den „Weg des geringsten Widerstands" (Knissel u. a. 1997). Außerdem hängt die Realisierbarkeit einer Mieterhöhung vom lokalen Mietspiegel ab und ist angesichts der sich entspannenden Wohnungssituation schwieriger geworden.

Baugesellschaften

Baugesellschaften und andere Eigentümer größerer oder zahlreicher Liegenschaften führen ständig Modernisierungen in ihrem Bestand durch. Sie haben meist ihre eigenen Planer, die sich tagtäglich mit dem Thema beschäftigen. Die wesentlichen Gesichtspunkte bei den Entscheidungen sind jedoch nicht Energieeinsparung, Umwelt- und Klimaschutz, sondern Instandhaltung, Wertverbesserung und Vermietbarkeit. Für Baugesellschaften steht in der Regel die Wirtschaftlichkeit an erster Stelle, deshalb schlägt hier das Investor-Nutzer-Dilemma voll durch. Bei Eigentümern, die vermietete Liegenschaften als Kapitalanlage nutzen, wie z. B. Versicherungen, steht auch der Wert der Immobilien im Vordergrund. Wärmedämmung und ökologische Baustoffe sind dann interessant, wenn sie ein Qualitätsmerkmal darstellen.

Bezüglich energiesparender Maßnahmen ist eine komplette Dämmung der Fassade aus Sicht der Wohnungswirtschaft nicht rentabel, weil die Mieten nicht entsprechend erhöht werden können. Stattdessen werden in der Regel Heizungserneuerungen, teilweise Wärmeschutzverglasungen bei Fenstererneuerung und eine Dämmung der Kellerdecke und des Daches oder Dachbodens durchgeführt. Instandhaltungsmaßnahmen an den Außenwänden sind aufgrund von Kostenerwägungen ohnehin selten; sie erfolgen in der Regel nur dann, wenn sich Schäden abzeichnen.

Informationsmangel und Unsicherheiten bestehen jedoch auch teilweise bei den großen Eigentümern und ihren Baufachleuten, z. B. über Vor- und Nachteile einzelner Dämmstoffe und Dämmstärken, Lebensdauer, Wärmebrücken, Vermeidung von Bauschäden, Speichereigenschaften etc. Eine Rolle spielt auch hier das negative Image einiger Dämmstoffe. Ferner werden Probleme der äußeren Gestaltung und Denkmalschutzbelange ins Feld geführt. Ökologische Anforderungen werden oft unter dem Aspekt zusätzlicher Kosten und Risiken, nicht aber der Einsparung von Betriebskosten gesehen (Fuhrich bei BMBau-Symposium 1997), deren Anteil immer mehr zunimmt (ITAS 1996).

Es gibt jedoch auch Baugesellschaften, für die der Einsatz ökologischer Baustoffe und die energetische Sanierung nach der Wärmeschutzverordnung wichtig ist. Zum Teil spielen dabei Fördermöglichkeiten eine entscheidende Rolle, letztlich ist aber die Unternehmensphilosophie ausschlaggebend. Diese Unternehmen messen der Weiterbildung, der Berücksichtung des Bewohnerverhaltens und der Kooperation mit Externen, z. B. Ämtern, Fachleuten und anderen Gesellschaften der Branche eine hohe Bedeutung zu.

Im sozialen Wohnungsbau spielt ebenfalls das Investor-Nutzer-Dilemma eine Rolle. Hier kommt jedoch noch die gesetzliche Miethöhenbegrenzung zum Tragen, während im freien Wohnungsbau der örtliche Mietspiegel den Orientierungsrahmen vorgibt.

Baufachleute

Die meisten Architekten haben wenig Interesse am ökologischen Bauen und an Energieeinsparung. Das Schwergewicht liegt für sie in der Regel auf dem gestalterischen Entwurf, und sie glauben, daß die Betätigung im Altbaubestand zu wenig Image bringt. Eine kleine „Szene" von höchstens 10 % der Architekten bildet hier die Ausnahme (Gruber u. a. 1997). Insbesondere kommt die integrale Planung, d. h. die Kommunikation mit anderen am Bau Beteiligten zu kurz. Die Planung der Details und die Einbindung der bauausführenden Gewerke erfolgt erst spät. Häufig wird auch die Bauleitung nicht ernstgenommen.

„Die Planung eines ganzen Jahres kann durch einen Ausführungsmangel auf der Baustelle in einer Stunde zunichte gemacht werden" (Interview-Ergebnis). Ein besonderes Problem sind Wärmebrücken, v. a. Sockelbereiche und „Niemandsland" der Gewerke, z. B. am Übergang von der Außendämmung zum Dach (Selk 1996). Sie spielen bei zunehmendem Wärmeschutz eine immer größere Rolle und werden sowohl von Architekten als auch von ausführenden Handwerkern zu wenig berücksichtigt. Dadurch werden die Wärmedämm-Eigenschaften der eingesetzten Konstruktionen schlechter und es können Bauschäden entstehen, die oft fälschlicherweise dem erhöhten Wärmeschutz zugeschrieben werden. Teilweise raten bauausführende Firmen auch von Wärmedämmung oder hohen Dämmstärken ab, aus Informationsmangel, aus Angst vor Gewährleistungsfällen oder vor unkalkulierbarem Arbeitsaufwand. Häufig wird versäumt, den Eigentümern angemessen zuzuraten, wegen eigener Unsicherheit und wegen des Fehlens von Richtwerten fällt es den Fachleuten auch schwer, die richtigen Argumente zu finden und sich unter Umständen gegen Widerstand durchzusetzen (Fuhrich bei BMBau-Symposium 1997). Auch die Architekten klagen über das Fehlen neutraler, vergleichbarer Informationen, auch was die Langzeitwirkungen von Stoffen betrifft (Al-Diban 1995).

In den seltensten Fällen dürfte bei der Altbaumodernisierung die Wärmeschutzverordnung beachtet werden, die bei größeren Umbau- und Erneuerungsarbeiten an der Hüllfläche einzuhalten wäre. Dies liegt an den meist unterschiedlichen beteiligten Gewerken und an der mangelnden Überwachung auf der Baustelle. Auch die Planer und Handwerker von Wohnbaugesellschaften und anderen großen Eigentümern führen Modernisierungen oft nicht energiegerecht aus. Ein Hauptgrund dafür sind mangelnde Kenntnisse und fehlende Kooperation zwischen Planern und Handwerk und zwischen den verschiedenen Gewerken. Handwerker werden oft sehr spät eingeschaltet und unter Zeitdruck gesetzt, so daß sie ihr Wissen nicht in die bauablauf- und werkstoffbezogene Planungsoptimierung einfließen lassen und sich nicht koordinieren können (Anhörung 1996). Mitunter sind die Architekten auch nicht bereit, auf Empfehlungen der Handwerker einzugehen. Ist der ausführende Betrieb selbst für die Baustoff-Auswahl zuständig, sind die Investitionskosten sein Hauptentscheidungskriterium. Schadstofffreiheit bei Bauhilfsstoffen wird von vielen Auftraggebern inzwischen vorausgesetzt, als selbstverständlich angesehen und kommt nicht zur Sprache.

Die ausführenden Betriebe werden selten mit Nachfragen der Kunden nach ökologischen Baumaterialien konfrontiert; in der Regel wird dann auf ein entsprechendes Angebot durch den Verarbeiter verzichtet. Dadurch werden ökologische Stoffe zu wenig publik gemacht (Teufelskreis). Nach wie vor besteht bei

Handwerkern wie auch bei ihren Kunden das Vorurteil „Ökologisches Bauen ist teuer." Ein ökologischer Baustoff oder ein Dämmstoff wird am ehesten eingesetzt, wenn sich seine Qualität bei den Bauherren „herumgesprochen" hat.

Informationen über Materialien und Methoden erhalten die Handwerker hauptsächlich von den Baustoff-Fachhändlern. Sie sind meist sehr speziell und produktbezogen. Allgemeine Informationen gibt es von Fachverbänden in ihren Mitteilungen. Beklagt wird auch hier die Informationsflut und die Schwierigkeit, aus all den Werbebroschüren die wichtigen Informationsschriften herauszufiltern. Als wichtigste Informationsquelle wird die persönliche Kommunikation eingeschätzt, z. B. in Verbandsveranstaltungen, bei denen über Neuigkeiten auf dem Markt und über den Stand der Technik berichtet wird.

Ein großes Problem ist auch die Minderqualifikation in ausführenden Betrieben. Es werden viele Ungelernte beschäftigt; Kommunikation, Bauleitung und Kontrolle werden dadurch sehr schwierig.

Fachhandel

Der Fachhandel ist das Verbindungsglied zwischen dem Hersteller und dem Verarbeiter. Der Einfluß, den Fachhändler auf die Materialauswahl haben, wird von den Händlern selbst als gering eingeschätzt. Bei den meisten Aufträgen wird von dem beteiligten Architekten direkt ein konkretes Produkt benannt. Der Händler kann dann zwar noch Alternativen anbieten, diese werden aber in den seltensten Fällen berücksichtigt.

Der Anteil ökologischer Baustoffe beträgt im Fachhandel nach Einschätzung befragter Händler weniger als 1 %. Obwohl den Händlern bewußt ist, daß die Anzahl der Nachfragen steigende Tendenz hat, zeigen sie als nur mittelbar Betroffene wenig Interesse.

Dämmstoffhändler nehmen Materialreste zurück und geben sie an die Hersteller weiter. Die Reste werden wiederverwendet. Dieser Kreislauf unterliegt festen Richtlinien.

Als Informationsquelle dienen für den Händler die Hersteller, die inzwischen auch fertige Ausschreibungstexte auf Diskette anbieten. Die Verteilung erfolgt durch die Vertreter der entsprechenden Industrien. Insgesamt ist das Angebot eher spärlich. Damit liegt auch im Bezug auf ökologisches Bauen bei diesen Akteuren ein Informationsdefizit vor. Die Händler geben die aktuellsten Unterlagen regelmäßig an die verarbeitenden Betriebe weiter und bieten ihnen Schulungen an. Architekten kümmern sich nach der Erfahrung der Händler wenig um neue Produkte und suchen z. T. mit veralteten Versionen von Ausschreibungen die Händler auf.

Das Beratungsangebot des Fachhandels richtet sich auch an Privatpersonen und wird von diesen rege angenommen. Es geht sogar so weit, daß der Händler die Kunden auf der Baustelle aufsucht, um direkt vor Ort noch Hinweise geben zu können. Bei derartigen Besuchen wird aber oft festgestellt, daß die Anregungen nicht umgesetzt wurden. Auch beim Kauf greifen Kleineigentümer später nicht auf den beratenden Händler, sondern meistens auf das Angebot der Baumärkte zurück.

Die Baustoffhändler wünschen sich bei der Baustoffauswahl eine größere Einflußmöglichkeit. Realisiert werden könnte das, indem in den Ausschreibungen nur die Anforderungen an das Baumaterial festgelegt würde. Die Auswahl könnte dann in Zusammenarbeit mit den Architekten und den ausführenden Gewerken getroffen werden.

Baumärkte

Wichtige Entscheidungsfaktoren bei der Auswahl im Baumarkt sind der Preis und die Funktionalität der Ware. Welcher Baustoff benötigt wird, ist den Kunden klar, und die meisten kommen auch mit konkreten Vorstellungen. Die Auswahl des Produkts trifft der Kunde dann selbst. Nur ca. 10 % der Kunden brauchen eine Grundberatung. Als Entscheidungshilfe werden den Kunden Informationsbroschüren und Produktordner mit Beispielen und Preislisten zur Verfügung gestellt.

Die Nachfrage nach ökologischen Produkten ist gering. Die Kunden gehen davon aus, daß die angebotenen Produkte gesundheitlich unbedenklich sind, wobei dies in der Regel das einzige ökologische Kriterium ist, das berücksichtigt wird. Es kommen keine Anfragen bezüglich nachwachsender Rohstoffe, Wiederverwertbarkeit oder Recyclingfähigkeit der Materialien.

Welche Produkte im Sortiment angeboten werden, entscheidet der Zentraleinkauf des Baumarktes. Dieser führt Gespräche mit Anbietern, vergleicht die Angebote und entscheidet sich für einen Hersteller. Aus logistischen Gründen werden nur Standardprodukte geführt. Bestimmend für die Auswahl ist der „allgemeine Trend“.

Die Hersteller bieten eine ganze Reihe von Informationsbroschüren an, z. T. sehr produktbezogen, z. T. neutral, aber mit Hinweisen auf die eigenen Produkte. Diese Informationen kommen nicht direkt vom Hersteller, sondern werden üblicherweise von Baustoffhändlern versandt oder über ihre Außendienstmitarbeiter verteilt. Baumärkte bieten z. T. selbst Arbeitsanleitungen für Ihre Kunden an, in denen gänzlich produktneutral die einzelnen Arbeitsschritte beschrieben und illustriert sind. Diese Blätter stehen den Kunden kostenlos zur Verfügung. Zusätzlich finden Kundenseminare zu speziellen Themen statt. Bei diesen Informationsveranstaltungen werden Tips für die Praxis gegeben und Anwendungsprobleme diskutiert. Außerdem wird über neue Standards und Techniken informiert.

Hersteller

Für die Hersteller von Baustoffen steht die Konkurrenzfähigkeit ihrer Produkte im Vordergrund. Sie bleiben nach Möglichkeit bei bewährten Herstellungsverfahren und Rezepturen, müssen sich aber auch gegenüber Billiganbietern behaupten. Zu beachten ist das Bauproduktengesetz und die Produkthaftung. Die in Deutschland hergestellten Baustoffe benötigen ein amtliches Prüfzeichen, wobei jedoch die klassischen Anforderungen Standsicherheit und Brandschutz weitaus mehr Bedeutung haben als Emissionen (Radünz 1996). Die Verwendung von Gefahrstoffen ist gesetzlich sehr stark eingeschränkt. Diese Bestimmungen gelten aber nicht für importierte Ware. Auch ist nicht sicher, daß sie bei deutschen Produkten immer eingehalten werden. Bei der rasanten Geschwindigkeit, mit der neue Baustoffe und Baukonstruktionen entwickelt werden, und angesichts der Vielfalt und Komplexität der Verbundstoffe ist ein Überblick nur schwer zu schaffen. Die Kennzeichnung der Produkte im Hinblick auf die Zusammensetzung, insbesondere Problemstoffe, fehlt. Eine Untersuchung des UBA zu Dämmstoffen hat gezeigt (UBA/BAU 1998), wie langwierig und schwierig es ist, einen vollständigen Vergleich der Dämmstoffe nach ökologischen und anderen Gesichtspunkten durchzuführen, und daß es *den* ökologischen Dämmstoff nicht gibt.

Wie schon am Beispiel Textilien gezeigt wurde (Enquête-Kommission 1993, 1994), können einzelne Hersteller nur ihr Produkt beeinflussen, aber kaum die Rohstofferzeuger und Vorlieferanten. Es besteht auch ein erhebliches Informationsdefizit zum Abnehmer, das über den Handel, im Baubereich auch durch Planer und Handwerk als intermediäre Akteure abgebaut werden könnte.

Behörden

Häufig wird beklagt, daß die Wärmeschutzverordnung bei der Altbaumodernisierung nicht eingehalten wird. Die Verwaltungsvorschriften zur Umsetzung der WSVO werden in den Bundesländern im Rahmen des Bauordnungsrechts erlassen (Hauser 1997). Die meisten Bundesländer überwachen die Maßnahmen im Bestand nicht, in Brandenburg nur bei geförderten Modernisierungen. Nordrhein-Westfalen verlangt eine „Fachunternehmer-Bescheinigung". Sanktionen gibt es – ebenso wie im Neubau – nicht. Kleineigentümern ist es in der Regel nicht bewußt, daß bei mehr als 20 % Veränderungen an den Außenwänden die WSVO wirksam werden müßte, Baugesellschaften umgehen das Problem nach Möglichkeit, wenn sie nicht von sich aus an Wärmedämmung interessiert sind.

6 Fazit und Empfehlungen

6.1 Zusammenfassung der Problematik

Das Thema Altbaumodernisierung wird weder von den beteiligten Akteuren noch von der Wirtschafts-, Beschäftigungs- und Klimapolitik in seiner Bedeutung als wichtige Zukunftsaufgabe adäquat erkannt. Dies gilt für Eigentümer in Wohnungs- und Gebäudewirtschaft, Architekten und Ingenieure sowie für ausführende Firmen. Sie unterschätzen den Altbaubereich in seiner Komplexität.

Die Anforderungen an Planung und Realisierung sind vielfältiger und anspruchsvoller als beim Neubau, werden aber deutlich unterbewertet. Dies zeigt sich zum Beispiel an der vergleichsweise dürftigen Darstellung in Veröffentlichungen und dem Mangel an entsprechenden Wettbewerben. In den Ausbildungsgängen der planenden und ausführenden Bauberufe spielt das Thema Altbaumodernisierung eine geringe Rolle. Die Entwicklung ökologischer Baukonstruktionen unter Verwendung nachwachsender und rezyklierter Baustoffe ist im Neubaubereich weit vorangeschritten und wird in allen Baupublikationen intensiv thematisiert, im Bestand sind diese Entwicklungen aber nur in verschwindenden Ansätzen zu erkennen.

Auch in der öffentlichen Meinung wird der Baubereich vom Neubau dominiert. Dies zeigt sich besonders deutlich in der geringen Beteiligung von Architekten bei Modernisierungsmaßnahmen; diese komplexen Vorhaben werden häufig direkt vom Eigentümer an ausführende Firmen übergeben, bei Gebäuden im Streubesitz zum Teil auch in Eigenleistung oder in Schwarzarbeit erledigt. Daher wird in der Regel keine umfassende Bestandsaufnahme und kein vollständiges Planungskonzept erstellt, schon gar nicht im Hinblick auf Gesichtspunkte der Nachhaltigkeit wie Ressourcenschonung und Umweltschutz. Dadurch bleiben viele Potentiale zur Energieeinsparung ungenutzt und wegen sehr langer Reinvestitionszyklen auf Jahrzehnte hin blockiert. Während im Neubaubereich weitreichende Anstrengungen zur Energieeinsparung bis hin zu Passivhauskonzepten und „Null-Energie-Häusern" realisiert werden, wird bei Modernisierungsmaßnahmen selbst die geltende Wärmeschutzverordnung mangels Information und Kontrolle häufig nicht umgesetzt. Infolgedessen kann der spezifische Wärmebedarf modernisierter Gebäude leicht bei einem Mehrfachen der in der neuen Energiesparverordnung angetrebten Werte liegen.

Der Baubereich ist komplexer, als gemeinhin unterstellt wird, sowohl was die Stoffströme als auch vor allem was die Beteiligung unterschiedlicher Akteure in der Prozeßkette anbetrifft. Zu bedenken sind auch die äußerst langfristigen Zeitspannen, in denen sich die Modernisierungszyklen vollziehen. So verbleiben beispielsweise problematische Baustoffe oft jahrzehntelang im „Stofflager Altbaubestand", bis ihre Entsorgung oder Wiederverwertung ansteht.

Die wesentlichen Entscheidungen bei Modernisierungen im Streubesitz werden von den Eigentümern getroffen. Fachlicher Rat wird gelegentlich von Architekten und Ingenieuren, im wesentlichen aber von ausführenden Firmen oder im Baustoffhandel eingeholt. Bei Wohnungsbaugesellschaften werden Modernisierungskonzepte in der Regel von den eigenen technischen Abteilungen erarbeitet und von Vorständen oder Geschäftsführungen nach wirtschaftlichen Kriterien entschieden. Dabei stehen die Marktbedürfnisse und die kontinuierliche

Vermietbarkeit des Produktes Wohnung im Vordergrund. Von Seiten der Mieter wird den Nebenkosten häufig bei Mietentscheidungen kaum eine Bedeutung zugemessen, so daß von dieser Seite kein Druck auf die Vermieter entsteht. Auslöser für Modernisierungen sind notwendige Reparaturen, Grundrißänderungen infolge veränderter Wohnbedürfnisse und planmäßige Instandsetzungsintervalle im Interesse einer langfristigen Vermietbarkeit. Wichtigste Entscheidungskriterien und gleichzeitig Hemmnisse für energiesparende Investitionen sind bei kommerziellen Eigentümern wirtschaftliche Gesichtspunkte, d. h. hohe langfristige eigene Erträge, wobei der energietechnischen Qualität der Wohnungen kaum eine Rolle hierfür zugemessen wird.

Die Entsorgung von Bauabfällen bei Modernisierungsmaßnahmen wird in aller Regel an die ausführenden Firmen delegiert und nicht weiter kontrolliert. Durch steigende Deponiekosten infolge gesetzlicher Anforderungen entstehen derzeit bei größeren Bauvorhaben finanzielle Vorteile durch sorgfältige Abfalltrennung und Rückführung in Recycling-Kreisläufe. Bei kleineren Objekten ist eine sorgfältige Abfalltrennung eher die Ausnahme. Hier gestaltet sich wegen mangelnder Fachkenntnis der Gebäudeeigentümer oder Bauleiter die Aufsicht gegenüber ausführenden Firmen und externen Dritten schwierig, während sich bei größeren Bauvorhaben ein Abfallkonzept sowie eine entsprechende Organisation und Betreuung, z. B. kontinuierliche Beaufsichtigung der Abfallcontainer, aufgrund der wirtschaftlichen Vorteile rechnen.

Bezüglich des Einsatzes sogenannter ökologischer Baustoffe und Baukonstruktionen beobachtet man eine unklare Begriffsdefinition, und es besteht ein Mangel an quantitativ vergleichender Information für eine möglichst objektivierte ökologische Bewertung von Baustoffen. Die Entscheidungen zum Einsatz bestimmter Materialien vollziehen sich in den meisten Fällen nach Gesichtspunkten der Kostenminimierung, der langjährigen technischen Erprobung und üblicher Modernisierungstraditionen. Allgemein besteht nur eine geringe Tendenz zu innovativen Lösungen und zu wirtschaftlichen Entscheidungen, die sich an den Kosten und Erträgen der Nutzungsdauer orientieren.

Als Dämmstoffe finden fast ausschließlich Mineralwolle und Schaumkunststoffe Verwendung, die in der Regel als Verbundkonstruktionen eingesetzt werden. Kriterien der Zukunftsfähigkeit, wie z. B. Herstellung aus nachwachsenden Rohstoffen oder rezyklierten Baustoffen, sowie die Recyclingsfähigkeit eingesetzter Materialien spielen in der Entscheidungsfindung zur Zeit kaum eine Rolle. Stoffstrommanagement ergibt sich ausschließlich aus wirtschaftlichen Erwägungen, wenn entsprechende Kostenvorteile realisierbar sind, nicht aber aufgrund bewußter Entscheidungen zugunsten sogenannter ökologischer Kriterien. Lediglich bei Modernisierungsvorhaben in privaten, eigengenutzten Häusern ist ein zunehmendes Interesse der Eigentümer an ökologischen Baustoffen festzustellen. Jedoch stehen auch hier meist andere Kriterien im Vordergrund, z. B. Handhabungs- und Geschmacksfragen.

6.2 Instrumente und Maßnahmen

Um die Voraussetzungen für eine nachhaltig zukunftsfähige Entwicklung im Baubereich zu verbessern, ist eine breite öffentliche Meinungsbildung über die komplexe Aufgabe „Altbaumodernisierung" wichtig. Notwendig ist eine intensive Bewußtseinsbildung über die Möglichkeiten des Einsatzes ökologischer Baustoffe sowie recyclinggerechter Konstruktionen. Dies kann über Weiterbildung, vor allem aber auch über

Erfahrungsaustausch anhand konkreter Bauaufgaben und Umsetzungsbeispiele erfolgen. Hierzu bedarf es verstärkter Anstrengungen durch Architekturwettbewerbe und der vermehrten Darstellung – z. B. durch Preise ausgezeichneter – Altbaumodernisierungen. Mit öffentlichen Förderprogrammen sollten innovative Lösungen im Baustoffbereich wirtschaftlich rentabel gemacht werden. In der Wohnbauförderung sollten öffentliche Mittel im Sinne der Nachhaltigkeit viel stärker als bisher den Bestand berücksichtigen (Enquête 1997).

Eine Verbesserung des wärmetechnischen Standards wäre am ehesten durch eine merkliche Anhebung der Energiepreise, z. B. durch Steuern, zugunsten der Arbeitskosten realisierbar, da die Entscheidungsträger sehr deutlich ihre Investitionen an wirtschaftlichen Zielen orientieren. Diesen Weg, der auch von der OECD empfohlen wird (OECD 1997), gehen inzwischen die skandinavischen Länder, Österreich und die Niederlande. Gleichzeitig ist eine stärkere Transparenz über die wärmetechnische Qualität von Altbauten mittels „Energiekennzahl" oder „Wärmepaß" wünschenswert, die den Eigentümern und Bewohnern die Unterschiede und die finanziellen Auswirkungen des energetischen Zustands von Wohnungen verdeutlichen.

Wünschenswert erscheint auch eine Weiterentwicklung von Produkten auf der Basis nachwachsender Rohstoffe, speziell für den Einsatz bei Wärmedämmverbundsystemen. In diesem großen Markt stehen bisher kaum entsprechende Baustoffangebote zur Verfügung. Wünschenswert ist eine verstärkte Forschungstätigkeit zur Produktentwicklung. Gleichzeitig muß aber auch die Festlegung von Kriterien und Meßverfahren für eine ökologische Bewertung von Baustoffen im Sinne von Deklarationsrastern vorangetrieben werden. Dabei müßten die Grundsätze Rohstoffbasis, Energieeinsatz, gesundheitliche Auswirkungen und umweltrelevante Emissionen bei Herstellung, Transport, Nutzung, Entsorgung und Störfall sowie die

Möglichkeit der Rückführung in den Stoffkreislauf vergleichbar, übersichtlich und für Baupraktiker handhabbar dargestellt werden.

Bei einer generellen Ausdehnung der Wärmeschutzverordnung oder der geplanten Energiesparverordnung auf den Altbau müßte die wärmetechnische Sanierung an die entsprechenden Investitionszeitpunkte geknüpft werden. Kontrollmöglichkeiten über die Baubehörden wären jedoch sehr aufwendig. Als Lösung könnte man sich eine Selbstverpflichtung der Baugewerke und Architekten zur Eigenkontrolle oder zumindest zur entsprechenden Aufklärung der Bauherren vorstellen. In jedem Fall sollte der Vollzug der geltenden Wärmeschutzverordnung bei der Altbaumodernisierung verbessert werden, was aber auch nur mit Unterstützung der Akteure im Bauprozeß möglich erscheint.

Auf einige der Maßnahmen-Empfehlungen wird im folgenden ausführlicher eingegangen, wobei das Schwergewicht auf solche Maßnahmen gelegt wird, die durch Akteurskooperationen zu verwirklichen sind. Solche Kooperationen lassen sich nicht verordnen; sie sind weitgehend eine Frage der Motivation und der Bewußtseinsbildung hinsichtlich der Stoffflußbetrachtung durch die am Bau Beteiligten.

Ein gemeinsames Interesse der Bauwirtschaft an der Altbausanierung zeigt die Tatsache, daß fünf führende Verbände der Baubranche in einem „Parlamentarierbrief zur Bundestagswahl 1998" die Argumente für ein verstärktes Augenmerk auf die energetische Sanierung des Altbaubestands zusammengestellt haben. Der Brief enthält eine Reihe konkreter Maßnahmenvorschläge und ist im Anhang abgedruckt.

6.3 Vorschläge für Akteurskooperationen

6.3.1 Beratung und integrierte Planung bei Sanierungsvorhaben

Die Planung und Ausführung von Sanierungsaufgaben stellen hohe Anforderungen an die beteiligten Akteure, denen häufig nicht Rechnung getragen wird. Im privaten Bereich werden aufgrund von Schäden notwendige Sanierungen meist direkt an Handwerker und Bauunternehmen vergeben, ohne ein Gesamtkonzept zu entwickeln. Eine Kooperation zwischen den Gewerken in dem Sinne, daß gegenseitig auf notwendige energetische Sanierungsmaßnahmen hingewiesen wird, kann nur sehr eingeschränkt erwartet werden. Die beauftragten Handwerker befürchten z. B., daß die Bauherren bei begrenzten Budgets andere Arbeiten vorziehen oder zu teuer erscheinende integrierte Maßnahmen insgesamt zeitlich verschieben.

Ein integriertes Konzept für eine wärmetechnische Sanierung kann nur erstellt und umgesetzt werden, wenn den Beteiligten die Zusammenhänge zwischen energetischen Einsparpotentialen im Bereich Gebäudehülle und Heizungsanlage klar sind, und die vielfältigen Einsparmöglichkeiten nach Prioritäten in den Bauablauf eingearbeitet werden. Die Aufgabe der Gesamtplanung übernimmt im Neubaubereich üblicherweise der planende Architekt oder Ingenieur als Treuhänder des Bauherrn. Die Treuhänderschaft führt zu einer Einschätzung der Gesamtsituation, die nicht von Einzelinteressen der verschiedenen Gewerke bestimmt wird.

Im Modernisierungsbereich stellt sich für den planenden Architekt und Ingenieur vornehmlich die Aufgabe, das bestehende Gebäude in seiner Komplexität hinsichtlich des Ist-Zustandes zu erfassen und basierend auf dieser Analyse ein Sanierungskonzept gemäß den finanziellen und terminlichen

Vorgaben zu erarbeiten. Hierbei erfüllt der Planer Beratungsfunktion bei der Entscheidungsfindung des Bauherrn und übernimmt die Rolle des Teamleiters für die beteiligten Gewerke. In der Regel sind Architekten und Ingenieure für diese Aufgabe zu wenig qualifiziert, da Sanierungsaufgaben in der Regel nur bei anspruchsvollen – z. B. unter Denkmalschutz stehenden – Gebäuden an diese Akteure delegiert werden. Auch bei „normalen" Gebäuden könnte eine sinnvolle Aufgabe für Architekten und Ingenieure in der integrierten Sanierungsplanung und -ausführung bestehen, die bisher sowohl von diesen als auch von den Bauherren zu wenig erkannt wird.

Ein idealer Ablauf einer integrierten Sanierung gestaltet sich in folgender Weise: In der Phase der Planung und Entscheidung sollte zunächst eine umfassende Analyse des vorgefundenen Zustands erstellt werden. Hierzu gehören:

- Baukonstruktion und Baustoffe
- Energiekennzahl der Bauteile und Abgleich mit dem tatsächlichen Energieverbrauch
- Festlegung der energetisch bedeutsamen Bauteile: Außenwand, Fenster, Kellerdecke, Dachgeschoßdecke, Heizungsanlage
- Schadensaufnahme und Nutzungszeiterwartung der Bauteile.

Auf der Grundlage dieser Erhebung wird ein Zielkatalog für eine vollständige Sanierung erarbeitet, in den auch mögliche Grundrißänderungen, Erweiterungen, Dachgeschoßausbau etc. aufgenommen werden. Die angestrebten Sanierungsschritte werden bezüglich ihrer energetischen Bedeutung, der zu verwendenden Materialien und der zu erwartenden Kosten gewichtet. Eine Festlegung der finanzierbaren Teilziele findet unter Berücksichtigung des anzustrebenden Endzustands statt.

Durch diese Ablaufplanung wird sichergestellt, daß einzelne Sanierungsschritte, wie z. B. Erneuerung der Fenster, immer in ihrer Rückkopplung auf das gesamte Gebäude eingeschätzt werden können. So kann z. B. bei der Erneuerung der Heizungsanlage die Dimensionierung auf andere Bauteilerneuerungen oder –verbesserungen abgestimmt werden.

Für die erste Phase ließen sich standardisierte Analysebögen in Kooperation mit den Kammern und Verbänden erarbeiten, in denen in Form eines Gebäudechecks Baualtersstufe, flächenbezogene Bauteile, Konstruktionen mit entsprechenden Energiekennzahlen sowie Angaben über Heizung und Warmwasserbereitung abgefragt werden. Ein solcher Gebäudecheck könnte in einem überschaubaren zeitlichen Umfang – etwa ein halber bis ein ganzer Tag – eine grundsätzliche Einschätzung der Sanierungsnotwendigkeiten und entsprechende Energiesparpotentiale aufzeigen und für den Bauherren mit einer näherungsweisen Schätzung der zu erwartenden Kosten verbunden werden. Architekten- und Ingenieurskammern könnten die Erarbeitung eines Gebäudechecks und die Schulung von Architekten und Ingenieuren in der Anwendung mit einer abschließenden Zertifizierung organisieren.

Als Planer und Koordinator käme dem Architekten oder Ingenieur eine treuhänderische Wahrung der Interessen des Bauherrn gegenüber den ausführenden Firmen sowie die Kostenkontrolle und Qualitätsüberwachung als Aufgabe zu. Die Tätigkeit des Architekten oder Ingenieurs sollte sich in zwei Phasen gliedern, die getrennt in Anspruch genommen werden können:

- Ist-Analyse und Zielbestimmung
- Planung, Ausschreibung und Koordinierung der Maßnahmen.

Eine stärkere Beteiligung von Architekten und Ingenieuren würde zu einem höheren Wissensstand bei Sanierungsaufgaben führen und könnte den Qualitätsstandard bei Maßnahmen im Bestand wie auch die Einhaltung gesetzlicher Vorgaben (Wärmeschutzverordnung, Heizanlagenverordnung etc.) stärken. Voraussetzung ist die Akzeptanz dieser Aufgaben bei Architekten und Ingenieuren sowie die Bereitschaft der Bauherren, diese Arbeit zu honorieren. Hier bedarf es in Kooperation mit Kammern, Verbänden und Politik einer entsprechenden Öffentlichkeitsarbeit. Die Honorierung sollte sich für den Bauherrn durch höhere Qualität, Herstellen eines sinnvollen Wettbewerbs unter Ausführenden und Koordinierung der komplexen Bauabläufe für den Bauherrn rechnen.

In einem „Leitfaden zum ökologischen Bauen" des Bundesbauministeriums (BVBW 1999), der für Neubauten von Bundesliegenschaften gilt, wird vorgeschlagen, einen „Nachhaltigkeitsbeauftragten" einzuschalten, der unabhängig vom Architekten auf die Einhaltung von Grundsätzen der Nachhaltigkeit bei Planung und Ausführung achtet. Diese Maßnahme könnte auch bei umfangreichen Sanierungen sinnvoll sein.

Ansätze für eine integrierte Gebäudeanalyse gibt es bereits in verschiedenen Formen, z. B. als Grundlage für Beratungen. In Hessen werden seit einigen Jahren Initialberatungen durch Schornsteinfeger durchgeführt, die sich nach einer vorliegenden Evaluierung als sehr erfolgreich erwiesen (Clausnitzer u. Sagehorn 1994). Schornsteinfeger erscheinen wichtig für die breite Umsetzung von Energieeffizienz-Maßnahmen, da sie als einzige Berufsgruppe jedes Jahr Zugang zum Gebäudebestand haben und die Heizungskontrollen zum Anlaß für eine Energieberatung nehmen können. Die Initative „Gebäude-Check Energie" in Nordrhein-Westfalen will Handwerker aus den verschiedenen Bau- und Installationsgewerken, die im Zuge von Wartungs-, Reparatur- und Modernisierungsarbeiten in die

Haushalte kommen, zu Beratern der Hauseigentümer weiterbilden (Energieagentur NRW 1998). Gleichzeitig werden in dieser Initiative Marktchancen für das Handwerk gesehen, durch die ein Beitrag zur Stärkung der Wirtschaft in technologisch anspruchsvollen Bereichen geleistet werden kann. Die interessierten Handwerker können ein Zertifikat erwerben, das den Besuch von Weiterbildungsveranstaltungen voraussetzt. Allerdings dauern solche Beratungen nur rund eine Stunde, was für eine umfassende Aufnahme der für eine integrierte Sanierung notwendigen Daten keinesfalls ausreicht. Es ist dies jedoch ein erster Schritt zur integrierten Betrachtung: Auf der Grundlage des zeitlich und kostenmäßig geringen Aufwandes für diese Analyse des Ist-Zustandes kann der Bauherr entscheiden, ob er Planungsleistungen eines Architekten oder Ingenieurs für die Sanierung in Anspruch nehmen will.

Auch eine Kombination der Förderung von Investitionen für energiesparende Maßnahmen in Wohngebäuden mit Beratungen erscheinen sinnvoll. So stellt Nordrhein-Westfalen zinsgünstige Darlehen zur Verfügung, um Altbauwohnungen so nachzurüsten, daß sie den Anforderungen an die aktuelle Wärmeschutzverordnung entsprechen oder darüber hinausgehen, wobei auch ein Niedrigenergiehaus-Standard erreicht werden kann. Erfahrungen in Dänemark Anfang der 80er Jahre mit einem ähnlichen Maßnahmenbündel haben gezeigt (Gruber 1992), daß beratene Haushalte mit den gleichen Investitionskosten doppelt so hohe Energieeinsparungen erzielten wie Haushalte, die nicht beraten wurden.

Es erscheint außerdem notwendig, für Kleineigentümer und Mieter eine flächendeckende, neutrale Beratung über Baumaterialien und Energieeinsparung anzubieten. Da dies kurzfristig nicht ausschließlich über die Einrichtung von Beratungsstellen erfolgen kann, müssen weitere Möglichkeiten genutzt werden. Neutrale Beratungsangebote sind jedoch auch für Architekten,

Handwerker und Handel erforderlich. Es wird empfohlen, eine Beratungsvernetzung anzustreben, in die möglichst alle Beratungsanbieter eingebunden werden, z. B. Kammern, Innungen, Fachinstitute etc. Ein positives Beispiel für eine Eigeninitiative der Akteurskooperation ist die Gründung einer „Arbeitsgemeinschaft Kreislaufwirtschaftsträger" aus Verbänden des Baugewerbes, der Planer und der Entsorgungswirtschaft, die Informations-, Beratungs- und Schulungsdienstleistungen anbietet (Sander bei BMBau-Symposium 1997).

6.3.2 Vereinbarungen, Kennzeichnung und kooperative Beschaffung

Als Maßnahme zur Förderung eines zielführenden Stoffstrommanagements bei der Altbaumodernisierung wird ein Bündel von drei auf Kooperation beruhenden Instrumenten vorgeschlagen. Es lehnt sich an Erfahrungen an, die vor allem in der Schweiz und in Schweden gewonnen wurden (Gruber u. a. 1996, Neij 1997). Ziel ist, den Markt von Angebots- und Nachfrageseite her zu erschließen („demand pull" und „technology push"), wobei in Schweden eine Energie/CO_2-Steuer zu günstigen ökonomischen Randbedingungen beiträgt.

Eine Kombination solcher energiepolitischer Instrumente wird in der Schweiz eingesetzt: Zunächst wurden Zielwerte für den Stromverbrauch häufig genutzter Elektrogeräte (Haushalts- und Bürogeräte, Unterhaltungselektronik) mit den Herstellern ausgehandelt. Falls nicht bis zu festgelegten Zeitpunkten 95 % der verkauften Geräte diesen Standards entsprechen, kann die Regierung Zulassungsbeschränkungen einführen. Eine wichtige Unterstützung auf der Nachfrageseite war die Schaffung eines Labels mit Auszeichnung der Bestgeräte bezüglich Energieeffizienz. Das Labelling wird staatlich organisiert und finanziert und, den Herstellern steht es frei, ihre Geräte zu melden. Es erfolgt eine jährliche Aktualisierung und Veröffentlichung übersichtlicher Listen mit den prämierten Geräten. Zunächst orientierten sich vor allem Großeinkäufer bei der Beschaffung von Bürogeräten an dem Label. Eine Evaluation ergab (Gruber u. a. 1996), daß die Hersteller und Importeure motiviert und konstruktiv an den Verhandlungen mitwirkten und die Zielwert-Festlegung – unterstützt durch das Label und betriebliche Einkaufsrichtlinien – zu erheblichen Stromeinsparungen führte.

Bei der „kooperativen Beschaffung" handelt es sich um eine innovationspolitische Maßnahme zur Einführung neuer Produkte. In der Schweiz erfolgte dies durch große, zuerst öffentliche, dann auch private Abnehmer, die die Energieeffizienz der Produkte zu einem Einkaufskriterium machten. In Schweden wird dieses Instrument schon bei einer Vielzahl unterschiedlichster Produkte angewendet. Die Initiative ging hier vom Energieministerium aus, das eine Vielzahl kleinerer Endkunden koordiniert, die von sich aus nicht in der Lage wären, eine kooperative Beschaffung zu organisieren (Neij 1997). Ein Beispiel aus dem Baubereich ist die Entwicklung eines neuen Fensters. Käufer und Experten haben Anforderungen ausgearbeitet und mit Herstellern diskutiert, z. B. gute Wärmeschutzeigenschaft, gleichzeitig Schallschutz, möglichst leichtes Gewicht, attraktives Aussehen etc. Der Kooperationsprozeß wurde finanziell unterstützt; so förderte die Regierung die Beratung der Hersteller durch Spitzenarchitekten. Nebeneffekte waren Preisreduktion und Spin-off-Wirkungen (Transfer zu anderen Technologien, z. B. Standardmodellen). Es wird geschätzt, daß 1–2 % des Marktpotentials pro Jahr durch die kooperative Beschaffung ausgeschöpft werden können (Neij 1997). Voraussetzung der Berücksichtigung ökologischer Gesichtspunkt bei Entscheidungen, in Ausschreibungen etc. ist das Vorliegen entsprechender Informationen, z. B. die Beurteilung nach einem Deklarationsraster.

Es wird empfohlen, ein solches Organisationsmodell mit angebots- und nachfrageseitigen Maßnahmen zur verstärkten Verbreitung ökologischer Baustoffe einzuführen. Die Initiative muß dabei vom Staat ausgehen, z. B. vom Umweltbundesamt oder vom Bundeswirtschaftsministerium. Als einen ersten Schritt könnte man die Bestandsaufnahme des UBA zum Thema „Dämmstoffe" nutzen. Hieraus müssen für den Baupraktiker verständliche, nachvollziehbare und handhabbare Informationen abgeleitet werden. Wesentlich ist, daß noch andere für die Entscheidungsprozesse relevante Akteure eingebunden werden, z. B. Verbraucherorganisationen und Vertreter der Architekten, des Handwerks, der Wohnungswirtschaft, des Handels, von Baufachzeitschriften und Bausparkassen. Nicht nur für Dämmstoffe, sondern auch für andere Baustoffe und Bauchemikalien sind eindeutige Bewertungssysteme und Empfehlungen notwendig. Es gibt eine Flut von Leitfäden, Kriterienlisten und Empfehlungen zu Baustoffen; diese gehen aber meistens kaum auf die Altbaumodernisierung ein. Was außerdem fehlt, ist eine Bewertung der Information. Dies kann nur in Zusammenarbeit mit den Akteuren, z. B. mit ihren Verbänden, geschehen. Eine solche Kooperation wurde im Bereich der Flammschutzmittel begonnen (Enquête 1997).

Zur Entwicklung neuer Produkte sollten mehr Verbundforschungsprojekte angeregt werden, die in Zusammenarbeit verschiedener Akteursgruppen durchgeführt werden, z. B. von Herstellern und Anwendern, Architekten und Entsorgungsbetrieben, aber auch von kleinen und mittleren Unternehmen, die für sich allein nicht in der Lage sind, Innovationen mit ökologischer Orientierung zu entwickeln und z. B. Ökobilanzen und Produktlinienanalysen durchzuführen. Vorgeschlagen wird auch eine „Denkwerkstatt" mit Beteiligten, z. B. Behörde, Bauträger, Mieter, Handwerker, Entsorger, die praktikable Lösungen ausarbeiten und in Pilotprojekten umsetzen (Anhörung 1996).

Auf Bundesebene wurde im Dezember 1991 ein Kabinettsbeschluß gefaßt, um den Energieverbauch in den eigenen Liegenschaften vorbildlich zu senken und ökologisches Planen und Bauen anzuwenden. Diese Grundsätze, die auch für den Altbau gelten sollen, umfassen u. a. Energieeinsparung, Einsatz erneuerbarer Energieträger, Optimierung der Bewirtschaftungskosten, Baustoffe (wobei in erster Linie auf die gesetzlichen Vorschriften hingewiesen wird) und den Umgang mit Bauabfällen (Hinweis auf die „Arbeitshilfe Recycling", vgl. Bruchmann u. a. 1997).

6.3.3 Energiekennzahlen und Wärmepaß

Um der Energieeinsparung, insbesondere dem Einsatz von Wärmedämmung im Altbaubestand, einen höheren Stellenwert zu verschaffen, ist es notwendig, mehr Transparenz über die energietechnische Qualität von Gebäuden herzustellen. Dazu wird die Einführung von Energiekennzahlen vorgeschlagen – eine Empfehlung, die in fast allen einschlägigen Veröffentlichungen und Studien zu finden ist, aber bisher in Deutschland nicht umgesetzt wurde, wohl aber z. B. in Dänemark (Gruber 1992). Auf dieser Basis sollte für jede Wohnung ein Wärmepaß ausgestellt werden, der bei Vermietung und Verkauf verlangt werden kann. Ziel ist es, ein allgemeines Bewußtsein für diese Themen zu schaffen. Die Energiebilanz eines Gebäudes sollte Qualitätsmerkmal werden und eine energiegerechte Altbaumodernisierung sollte zum Image des Architekten beitragen. Zur Realisierung der Energiekennzahlen und des Wärmepasses müssen eine Reihe von Akteuren zusammenwirken. Der Anstoß muß auch hier vom Staat ausgehen, einzubinden sind die Verbände der Wohnungswirtschaft, Grund- und Hauseigentümervereine, Mieterverbände, Handwerk und Architekten. Außerdem müßten Überlegungen angestellt werden, wie man die „Dienstleistung warme Wohnung" fördern könnte, so daß die Einspareffekte energietechnischer Investitionen zumindest größtenteils beim Vermieter bleiben (Anhörung 1996). Es wurde auch schon vorgeschlagen, die Grundsteuer an eine Heizenergiekennzahl zu koppeln (Ziesing u. a. 1997).

Es ist auch ein Gebäudepaß denkbar, in den wesentliche verwendete Baustoffe eingetragen werden. Das Bundesministerium für Raumordnung, Bauwesen und Städtebau hat die Erstellung einer solchen Gebäude-Dokumentation vorgeschlagen (BMBau 1997), die technische Eigenschaften, Ausbau- und Ausstattungsstandards, Nutzungsqualitäten, Betriebskosten sowie durchgeführte wert- und bestandserhaltende Maßnahmen enthalten soll. Dies würde auch Maßnahmen zur Energieeinsparung (Gebäudehülle, Passiv-Maßnahmen, Wärmeerzeugung und -verteilung) und mögliche Schadstoffemissionen aus Bauteilen und Baustoffen einschließen. Ein wichtiger Aspekte ist dabei die Verständlichkeit und Nutzbarkeit für Eigentümer, Mieter und Käufer. Bei Neubau, Umbau und Modernisierung könnte mit der Dokumentation eine Datenaufnahme verbunden werden. Dieser Gebäudepaß enthält nach dem Konzept keine Bewertung, könnte aber Grundlage für Bewertung und Zertifizierung sein.

6.3.4 Weiterbildung

Die Fachwelt ist sich einig, daß Weiterbildung auf breiter Basis über ökologische Baustoffe und energiesparende Maßnahmen eine zentrale Bedeutung zukommt. Führend sind auf diesem Gebiet die Impuls-Programme in Nordrhein-Westfalen und seit kurzem auch in Hessen, Berlin und Schleswig-Holstein, bei denen mit öffentlicher Förderung unter Beteiligung der Bauwirtschaft und einschlägiger Fachleute Weiterbildungsveranstaltungen mit hoher inhaltlicher und didaktischer Qualität erstellt werden. Sie richten sich an Baufachleute, v. a. Planer und Handwerker, und erschließen auch den Markt von der Anwenderseite her, indem Kurse für öffentliche Einrichtungen sowie Volkshochschulkurse für Bauherren und Eigentümer angeboten werden, die inzwischen zu den erfolgreichsten Angeboten der Volkshochschulen gehören. Für den Bereich der Altbaumodernisierung ist vor allem der Kurs „Sanierung" von Bedeutung, der 1995 entwickelt wurde und Themen wie „Energiekennzahl", „Sanierungsziele", „Planung" – bezogen auf die verschiedenen Bauteile, „Haustechnik", „Ausführungs-planung" und „Ausführung" behandelt. Dieser Kurs hat in Nordrhein-Westfalen schon rund 2.000 Teilnehmer erreicht und könnte mit geringfügigen Modifizierungen (z. B. Hinweise auf Beratungsstellen, regionaltypische Bauarten) bundesweit angeboten werden. Die Begleitforschung des Impuls-Pro-gramms ergab (Gruber u. a. 1997), daß die Teilnehmer den Kurs sehr positiv beurteilen, neue Erkenntnisse gewannen und gute Anregungen erhielten. Häufig wünschten sie sich noch mehr Informationen über ökologische Baustoffe, da der Schwerpunkt auf Energieeinsparung lag.

Für Planer gibt es in Nordrhein-Westfalen Kurse über „Wärmetechnische Grobdiagnose" zur energetischen Bestands-aufnahme im Altbau sowie zur ökologischen Baustoffwahl. Es wäre wünschenswert, auch diese Themen bundesweit anzubie-ten. Die Initiative dazu müßten die Bundesländer ergreifen; einige von ihnen haben bereits Interesse signalisiert. Eine schwierige Zielgruppe ist das Handwerk, das – ebenso wie allerdings auch der größe Teil der Planer – erst zur Beschäfti-gung mit dem Thema motiviert und zu der Erkenntnis gebracht werden muß, daß die Altbaumodernisierung den „Markt der Zukunft" darstellt. Angesichts der infolge von Konjunkturein-brüchen stark rückläufigen Weiterbildungsbereitschaft müssen zusätzliche Motivationsmaßnahmen und neue Weiterbildungsformen entwickelt werden. Einige Zielgruppen werden bisher noch nicht erreicht, z. B. Wohnungsbauunternehmen, Bauträger, Projektentwickler – somit wesentliche Entscheidungsträger – und die bauausführende Industrie, aber auch Behörden und Prüfingenieure.

Auch bei der Weiterbildung ist mehr Kommunikation, Koordination und Kooperation gefragt als bisher praktiziert wird, z. B. zwischen den verschiedenen Anbietern von Weiterbildung und den Institutionen der Erstausbildung. Im BMBau wurden Gespräche mit Hochschullehrern, Kammern und Berufsverbänden über die bestehenden Ausbildungsdefizite im Baubereich begonnen (Anhörung 1996).

Eine Idee des REN Impuls-Programms in NRW ist das Kommunikationstraining für am Bau Beteiligte, z. B. für Handwerker im Umgang mit ihren Kunden und für das Management von Planung und Ausführung, Teamfähigkeit und gesamtheitliche Betrachtungsweise. Am Beispiel der Altbaumodernisierung sollte man solche Workshops erproben.

Der Bereich der Bauabfallentsorgung wurde bisher in den Impuls-Programmen in Deutschland noch nicht thematisiert, wohl aber in der Schweiz (Bundesamt für Konjunkturfragen 1991. Eine Grundlage könnte hier die „Arbeitshilfe Recycling" darstellen (Bruchmann u. a. 1997).

Literaturverzeichnis

Al-Diban, S.: Umweltbewußtsein im Bauwesen. Studie zum Zusammenhang von Bewußtsein, Wahrnehmung und Verhalten bei der ökologischen Orientierung von Planern und Bauherren. Dresden 1995.

Anhörung: Stellungnahmen der Sachverständigen für die öffentliche Anhörung im Juni 1996 zum Thema „Soziale Entwicklungen und Innovationen im Lebensbereich Bauen und Wohnen". Kommissionsdrucksache 13/2 der Enquête-Kommission „Schutz des Menschen und der Umwelt". Bonn 1996.

Baubiologie. Sondernummer Swissbau 97.

BMBau (Bundesministerium für Raumordnung, Bauwesen und Städtebau): Konzeption für einen Gebäudepaß für Eigenschaften von Wohngebäuden. Bonn 1997.

BMBau (Bundesministerium für Raumordnung, Bauwesen und Städtebau): Planungskriterien für Baumaßnahmen im Zuständigkeitsbereich des BMBau. Grundsätze für ökologisches Bauen, Brandschutztechnik, Verkehrsanlagen. Entwurf. Bonn: 1997.

BMBau-Symposium: Nachhaltige Baupolitik zwischen Ökonomie und Ökologie. Bonn 1997.

BMBau-Workshop: Der Gebäudebestand: Stoffströme und Kosten in den Bereichen Bauen und Wohnen. Bonn 1997.

Bundesministerium für Verkehr, Bau- und Wohnungswesen (BVBW): Leitfaden zum nachhaltigen Bauen. Entwurf. Bonn 1999.

Borsch-Laaks, R.: Wärmedämmen: Wie? Womit? In: Schriftenreihe der Fachhochschule Lippe 9 (1993).

Bredenhals, B.; W. Willkomm: Neue Konstruktionsalternativen für recyclingfähige Wohngebäude. Stuttgart 1996.

Bruchmann, U. u. a.: Arbeitshilfen Recycling. Vermeidung; Verwertung und Beseitigung von Bauabfällen bei Planung und Ausführung von baulichen Anlagen. (Hrsg. BMBau/BMV). Hannover: OFD 1997.

Büeler, B. u. a.: Positivliste. Bauökologische/baubiologische Materialempfehlungen. Bütschwil: Gerber 1995.

Bundesamt für Konjunkturfragen (Hrsg.): Recycling. Verwertung und Behandlung von Bauabfällen. Bern 1991.

Clausnitzer, K.-D.; N. Sagehorn: Erfolgskontrolle hessischer Energieberatungsprogramme. Bremen 1994.

de Man, R.: Akteure, Entscheidungen und Informationen im Stoffstrommanagement. Leiden 1993.

de Man, R.: Lernprozeß für Staat und Wirtschaft. Zwischenbilanz zum Erfolg des Stoffstrommanagements in Deutschland. Ökologisches Wirtschaften 5 (1996).

Dämm-Nachrichten Juli 1997.

Ebel, W. u. a.: Einsparungen beim Heizwärmebedarf – ein Schlüssel zum Klimaproblem. Darmstadt: Institut Wohnen und Umwelt 1995.

Eicke-Hennig, W.: Chemie im Schafspelz? Dämmstoffe aus Altpapier oder Naturfasern – (k)eine Alternative. Deutsche Bauzeitung 10 (1997).

Ems, F. u. a.: Wärmedämmstoffe – Der Versuch einer ganzheitlichen Betrachtung. Stuttgart: IRB-Schriftenreihe 1989.

Energieagentur NRW: Jahresbericht 1997. Wuppertal 1998.

Enquête-Kommission „Schutz des Menschen und der Umwelt" des deutschen Bundestages (Hrsg.): Konzept Nachhaltigkeit. Fundamente für die Gesellschaft von morgen. Zwischenbericht. Zur Sache 1/97. Bonn 1997.

Enquête-Kommission „Schutz des Menschen und der Umwelt" des deutschen Bundestages (Hrsg.): Verantwortung für die Zukunft – Wege zum nachhaltigen Umgang mit Stoff- und Materialströmen. Zwischenbericht. Bonn: Economica 1993.

Enquête-Kommission „Schutz des Menschen und der Umwelt" des deutschen Bundestages (Hrsg.): Die Industriegesellschaft gestalten – Perspektiven für einen nachhaltigen Umgang mit Stoff- und Materialströmen. Bonn: Economica 1994.

Enquête-Kommission „Schutz des Menschen und der Umwelt" des deutschen Bundestages (Hrsg.): Studienprogramm – Umweltverträgliches Stoffmanagement. Band 1: Konzepte. Bonn: Economica 1995.

Enquête-Kommission „Vorsorge zum Schutz der Erdatmosphäre" des Deutschen Bundestages (Hrsg.): Schutz der Erde – eine Bestandsaufnahme mit Vorschlägen zu einer neuen Energiepolitik. Bonn/Karlsruhe: Economica/Müller 1990.

Fachkommission „Standardisierung und Rationalisierung": Baustoffe unter ökologischen Gesichtspunkten. Aachen: Landesinstitut für Bauwesen 1993.

Frahm, T. u. a.: Verhaltens- und Hemmnisforschung im Bereich Energie – Stand und Perspektiven. Experten-Seminar im BMBF, Bonn. Karlsruhe 1997.

Freie Scholle Bielefeld: 75 Jahre Freie Scholle 1911–1986. Geschichte und Gegenwart genossenschaftlicher Selbsthilfe in Bielefeld. Bielefeld 1986.

Friege, H. u. a.: Management von Stoffströmen im Bereich Bauen und Wohnen: Beratungen in der Enquête-Kommission „Schutz des Menschen und der Umwelt". In: BMBau (Hrsg.): Nachhaltiges Bauen im Spannungsfeld zwischen Ökonomie und Ökologie. Bad Godesberg 1997.

GDI (Gesamtverband Dämmstoffindustrie): Dämmjournal. GDI-Informationsservice für das Planen und Bauen 4 (1996).

Gerdsen, F. u. a.: Kirchliches Bauhandbuch. Bielefeld: Ev. Presseverband für Westfalen und Lippe 1996.

Göhler, S.: Ökologische Baustoffe. Lübeck 1996.

Görg, H.: Entwicklung eines Prognosemodells für Bauabfälle als Baustein von Stoffstrombetrachtungen zur Kreislaufwirtschaft im Bauwesen. Darmstadt: Technische Hochschule 1997.

Grieshammer, R. u. a.: Ökologische Produktentwicklung und Produkteinführung mit Ökobilanzen und Akteurskooperationen. Freiburg/Darmstadt: Öko-Institut 1995.

Grieshammer, R.; M. Buchert: Nachhaltige Entwicklung und Stoffstrommanagement am Beispiel Bau. Freiburg: Öko-Institut 1996.

Gruber, E.: Efficiency of Energy Conservation Programmes in European Countries. Energy and Environment 2 (1992) 3, S. 122f.

Gruber, E. u. a.: REN-Impulsprogramm „Bau und Energie" in Nordrhein-Westfalen: Begleitende Bewertung. Karlsruhe: ISI 1997.

Gruber, E. u. a.: Evaluation der Verbrauchs-Zielwerte für Elektrogeräte. Bern: Bundesamt für Energiewirtschaft 1996.

Grund und Boden: „60 Jahre Grund und Boden Köln 1936–1996". Köln 1996.

Haefele, G. u. a. (Hrsg.): Baustoffe und Ökologie. Tübingen 1996.

Hauser, G.: Kunterbunte Praxis und viele Fehler. Wärmeschutz-VO/ Erfahrungen. Handelsblatt vom 8.1.1997.

Henseling, Karl Otto: Die Rolle des Staates. Bestandteil vorsorgender und nachhaltiger Umweltpolitik. Ökologisches Wirtschaften 5 (1996).

INTEP AG; P. Steiger: Hochbaukonstruktionen nach ökologischen Gesichtspunkten. Zürich: SIA 1995.

IÖW (Institut für ökologische Wirtschaftsforschung): Elemente volkswirtschaftlichen und innerbetrieblichen Stoffstrommanagements. Berlin 1994.

ITAS u. a.: Stoffströme und Kosten in den Bereichen Bauen und Wohnen. Studie im Auftrag der Enquête-Kommission „Schutz des Menschen und der Umwelt". Karlsruhe 1996.

Kasser, A.; D. Amman: Deklarationsraster für ökologische Merkmale von Baustoffen. Zürich; Fachgruppe für Architektur 1992

Kasser, U.; M. Pölle: Graue Energie von Baustoffen. Zürich: Büro für Umweltchemie 1995.

Katalyse Umweltgruppe: Bewertungskriterien für ökologisch empfehlenswerte Baustoffe: Ergebnisse einer Expertenbefragung. Hamm: Öko-Zentrum 1993.

Kerschberger, F.: Energie- und umweltgerechte Sanierung. Ein Informationspaket (BINE). Köln: TÜV Rheinland 1995.

Kerschberger, F.: Modellhafte Sanierung von Typenbauten. Ein Informationspaket (BINE). Köln: TÜV Rheinland 1998.

Knissel, J. u. a.: Baustelle Klimaschutz. Potentiale und Strategien für eine Reduktion der CO_2-Emissionen aus der Beheizung von Gebäuden. Darmstadt: Institut für Wohnen und Umwelt 1997.

Kolb, B.: Aktueller Praxisratgeber für umweltverträgliches Bauen. Kissing: WEKA Baufachverlage/Verlag für Architektur 1991.

Ministerium für Stadtentwicklung, Wohnen und Verkehr des Landes Brandenburg (MSWV): Modernisierung und Instandsetzung in industrieller Bauweise errichteter Wohnbauten. Potsdam: Brandenburgische Energiespar-Agentur o. J.

Möller, R.; U. Jeske: Recycling von PVC. Grundlagen, Stand der Technik, Handlungsmöglichkeiten. Karlsruhe: Forschungszentrum Karlsruhe 1995.

Neij, L.: Market transformation by technology procurement – The Swedish experience. ENER Bulletin 20 (1997), S. 108ff.

OECD: Umweltsteuern und ökologische Steuerreform. Paris 1997.

Radünz, A.: Baumaterialien und gebäudebedingte Erkrankungen. Studie im Auftrag der Enquête-Kommission „Schutz des Menschen und der Umwelt". Bonn 1996.

Ranft, F.: Ökologische Modernisierung von Wohnsiedlungen. Grundlagen, Konzepte, Beispiele. Wiesbaden: Bauverlag 1994.

Ranft, F.; H. Löfflad: Baustoffe/Baukonstruktionen – Auswahl nach ökologischen Gesichtspunkten. Dokumentation des REN Impuls-Programms „Bau und Energie". Wuppertal: Energieagentur NRW 1997.

Richter, K. u. a.: Energie- und Stoffbilanzen bei der Herstellung von Wärmedämmstoffen. Bern: EMPA 1995.

Schlag, D.: Anforderungen an die Entsorgung von Holzabfällen – Stand der Arbeiten der LAGA AG. In: Handbuch Holzabfälle. UTECH Berlin 1998.

Selk, D. u. a.: Umweltfreundliches Bauen. Umweltverträgliche Baustoffe und Konstruktionen. Mitteilungsblatt 5/96. Kiel: Arbeitsgemeinschaft für zeitgemäßes Bauen 1996.

„Stadterneuerung – Modernisierung. Ratschläge für Mieter und Vermieter", Faltblatt der Stadt Köln in deutsch und türkisch.

„Stadterneuerung – Modernisierung zu tragbaren Kosten", Faltblatt der Stadt Köln für Eigentümer.

„Stadterneuerung – Übersicht Sanierungsgebiet Mülheim-Nord", Faltblatt der Stadt Köln.

Statistisches Bundesamt: Bautätigkeit und Wohnungen. Fachserie 5, Heft 1. Wiesbaden 1995.

Statistisches Bundesamt: Ergebnis der Gebäude- und Wohnungszählung 1995. Wirtschaft und Statistik 5 (1997) und 2 (1997).

Tomm, A.; U. Herrmann: Ökologische Baumaterialien. Aachen: LBB 1994.

Tomm. A.: Ökologisches Planen und Bauen. Braunschweig/Wiesbaden 1992.

UBA/BAU: Technische Maßnahmen zur Verminderung der Risiken durch künstliche Mineralfasern sowie Anforderungen an mögliche Alternativen. Gemeinsamer Bericht des Umweltbundesamtes und der Bundesanstalt für Arbeitsschutz und Arbeitsmedizin. Berlin 1998 (UBA-Texte 36/97).

von Braunmühl, W. u. a.: Energiegerechtes Bauen und Modernisieren. Grundlagen und Beispiele für Architekten, Ingenieure und Bewohner. Hrsg.: Bundesarchitektenkammer. Basel/Berlin/Boston: Birkhäuser 1996.

Zapke, W.; D. Gerken: Der Primärenergiegehalt der Baukonstruktionen unter gleichzeitiger Berücksichtigung der wesentlichen Baustoffeigenschaften und der Herstellungskosten. Stuttgart: Institut für Bauforschung 1993.

Ziesing, H.-J. u. a.: Politikszenarien für den Klimaschutz. Jülich: Forschungszentrum 1997.

Verzeichnis der Tabellen und Abbildungen

Tabellen

Abbildungen

Anhang

Parlamentarierbrief zur Bundestagswahl 1998 der Verbände BDA, BDB,
BDH, GDI und ZDB

P A R L A M E N T A R I E R B R I E F
zur Bundestagswahl 1998

im August 1998

vorgelegt von den Verbänden

BDA Bund Deutscher Architekten

BDB Bundesverband Deutscher Baustoff-Fachhandel e.V.

BDH Bundesverband der Deutschen Heizungsindustrie

GDI Gesamtverband Dämmstoffindustrie

ZDB Zentralverband des Deutschen Baugewerbes

Parlamentarierbrief zur Bundestagswahl 1998
Energieeinsparung - Umweltschutz - Arbeitsplätze

Vorbemerkung

Die Verbände und Institutionen, die gemeinsam diesen Parlamentarierbrief aus Anlaß der Bundestagswahl 1998 vorlegen, repräsentieren einen zentralen Bestandteil des deutschen Baumarktes. Mit einem Bauvolumen von mehr als 560 Milliarden DM im Jahr handelt es sich um den größten produzierenden Wirtschaftszweig Deutschlands. Die Bauwirtschaft ist zugleich einer der größten Arbeitgeber.

Wir wenden uns an alle, die heute und in Zukunft die politische Verantwortung in unserem Land tragen. Mit Sorge sehen wir gegenwärtig der weiteren Entwicklung unserer Branche entgegen:

● Die Nachfrage am Baumarkt geht seit Jahren zurück. Die Hoffnung auf eine grundlegende Besserung der Situation trotz einiger Besserungstendenzen in Teilmärkten ist gering.

● Die Arbeitslosigkeit im Bauhauptgewerbe hat inzwischen mit fast 20 Prozent eine nicht hinnehmbare Höhe erreicht. Eine durchgreifende Wende am Bauarbeitsmarkt ist trotz der aktuellen Besserungszeichen nicht zu erwarten.

● Die ökonomischen Folgen der Arbeitslosigkeit liegen auf der Hand. Die Sozialkosten, die zur Finanzierung der Arbeitslosigkeit aufgebracht werden müssen, verengen immer stärker auch den Spielraum für eine notwendige steuerliche Entlastung.

● Hohe individuelle Steuerlasten bereiten der Schwarzarbeit weiteren Boden. Schwarzarbeit ersetzt inzwischen Hunderttausende von reguläre Arbeitsplätze.

● Die von allen als notwendig erachteten umweltschutzpolitischen Ziele können nicht mehr erreicht werden. Das Ansehen der Bundesrepublik Deutschland nimmt international Schaden, da beispielsweise die von allen Parteien getragenen Zusagen zur CO_2-Minderung nicht eingelöst werden können.

Vor diesem Hintergrund wollen wir die zahlreichen berechtigten Vorschläge zu den notwendigen strukturellen Änderungen am Wirtschaftsstandort Deutschland nicht wiederholen. Steuerreform, Reduzierung von Lohnnebenkosten, Neuausrichtung der sozialen Sicherungssysteme sind dafür die Stichworte. Wir wollen vielmehr für ein Wirtschaftsfeld **konkrete Lösungswege aufzeigen**, die es erlauben, Ziele des Umweltschutzes und den Abbau der Arbeitslosigkeit miteinander zu vereinen. **Dazu bietet sich das Feld energiesparender Investitionen im Baubereich wie kein anderes an.**

Chancen und Vorschläge

Der derzeitigen wie jeder künftigen Bundesregierung, unabhängig von ihrer politischen
Zusammensetzung, bietet sich vor allem auf dem Feld der energiesparenden Investitionen im
Gebäudebereich die einmalige Chance, einen zentralen Beitrag zur Minderung der Arbeits-
marktprobleme und zur Einlösung der klimapolitischen Ziele zugleich zu leisten. Dies gilt für
den Neubau, vor allem aber für den Gebäudebestand.

1. Im Neubaubereich können die gesetzten Ziele durch eine zügige Verabschiedung der
   geplanten neuen EnergieEinsparVerordnung erreicht werden. Die Zusage von Bundestag
   und Bundesrat, diese **neue EnergieEinsparVerordnung „EnEV '99"** in Kraft zu setzen,
   muß eingehalten werden. Die Verordnung ist wirtschaftlich ohne Einschränkung vertretbar,
   gerade im Blick auf die damit verbundene hohe Einsparung von Wohnnebenkosten.
   Sie trifft zudem auf weitestgehende Zustimmung aller beteiligten Fachbereiche, von den
   Planern über die bauausführende Wirtschaft bis zu Baustoffherstellern und Handel. Die
   Politik muß diese Chance schnell nutzen, um eine zukunftsweisende Energiesparpolitik
   im Baubereich endlich Realität werden zu lassen.

2. Der ganzheitliche **Energiepaß für Gebäude,** in der gültigen 95er Wärmeschutzverordnung
   (§ 12) als Wärmebedarfsausweis bereits festgeschrieben, wird zum **Schlüsselinstrument
   für das energiesparende Bauen der Zukunft** werden. Er weist den Jahresheizwärme-
   bedarf der Immobilie aus und ist somit ein Riesenschritt in Richtung Verbraucherschutz
   und Markttransparenz. Den Baubehörden ermöglicht er mit einem einzigen Blick die
   Kontrolle über die Einhaltung oder Nichteinhaltung des Verordnungsniveaus.

3. Unverzichtbar und in arbeitsmarktpolitischer Sicht besonders wirksam ist die
   Erschließung der Potentiale im Gebäudebestand.

   In Deutschland gibt es einen Bestand von **24 Millionen Altbauwohnungen,** die unter
   energetischen Gesichtspunkten dringend modernisierungsbedürftig sind. Maximal ein
   Prozent dieses Bestandes kann jährlich durch Neubauten ersetzt werden. Das macht
   deutlich, daß allein im Bestand der Schlüssel zur Lösung der klimapolitischen Aufgaben liegt.

4. Mit 500.000 Modernisierungsmaßnahmen pro Jahr können nach gesicherten Untersuchungsergebnissen führender deutscher Wirtschaftsinstitute zusätzlich und auf Dauer
   **175.000 Arbeitsplätze neu geschaffen werden. Bei 700.000 Modernisierungsobjekten
   liegt die Zahl der neu zu schaffenden Arbeitsplätze schon bei 245.000.** Diese
   Arbeitsplätze werden vor allem in kleineren und mittleren Betrieben des Bau- und
   Ausbauhandwerks entstehen, die heute und künftig in noch stärkerem Maße in ihrer
   Existenz bedroht sind.

   Sekundäreffekte, die sich arbeitsmarktpolitisch positiv auf Baustoffproduktion, Bauplanung
   und angrenzende Bereiche auswirken können, sind hier noch gar nicht berücksichtigt.

5. Dem Bau- und Ausbaugewerbe können enorme Anreize für die Schaffung von Lehrstellen gegeben werden. Dies kann aber nur gelingen, wenn **verstetigte Förderbedingungen bzw. Abschreibungsmöglichkeiten** für die energetische Altbaumodernisierung mit qualifizierten und langfristigen Beschäftigungsperspektiven geschaffen werden.

6. Erheblich entlastet würde die öffentliche Hand bei den Kosten für die Arbeitslosigkeit. 175.000 Arbeitsplätze entsprechen einer **Entlastung der Sozialkassen um 7,4 Milliarden pro Jahr,** 245.000 Arbeitsplätze einer entsprechenden **Entlastung von mehr als 10 Milliarden DM.**

7. Die Aufgabe energiesparender Maßnahmen im Bestand stellt sich **in den neuen wie in den alten Bundesländern gleichermaßen.** 18 Millionen der nachzurüstenden Altbauwohnungen liegen in den alten, 6 Millionen in den neuen Bundesländern. Schönere Fassaden dürfen nicht darüber hinwegtäuschen, daß der energetische Zustand des Wohnungsbestandes in den alten Bundesländern sich nicht von dem in den neuen Ländern unterscheidet.

8. Bei einem unveränderten oder nur geringfügig geänderten Energiepreisniveau können entsprechende Maßnahmen im Gebäudebestand nur mit Hilfe **öffentlicher Anreizsysteme** auf den Weg gebracht werden. Dafür einzusetzende Mittel werden **durch höhere Steuereinnahmen und verminderte Sozialabgaben für die öffentlichen Haushalte mehr als ausgeglichen.**

9. Als sinnvollsten Förderweg betrachten wir die Wiedereinführung einer steuerlichen Abschreibungsmöglichkeit. Dies entspricht auch der Notwendigkeit, im Rahmen einer generellen **Neuorientierung der Abschreibungsmöglichkeiten** im Wohnungsbau der steuerlichen Förderung von Modernisierung und Instandhaltung das notwendige stärkere Gewicht gegenüber dem Neubau beizumessen. Auch bei einer umfassenden Einkommensteuerreform darf deshalb auf Anreize für Investitionen in die Modernisierung des Wohnungsbestandes nicht verzichtet werden. Dies widerspricht nicht den grundlegenden Überlegungen zur Steuerreform.

10. Alternativ zu einer steuerlichen Förderung halten wir auch ein **Zulagesystem** für denkbar, so wie es vom nächsten Jahr an in den neuen Bundesländern gelten wird. Das dortige neue Fördersystem stellt zu Recht Modernisierung und Energieeinsparung in den Vordergrund. Entsprechende Investitionen sollen mit einem Zuschuß von 15 Prozent gefördert werden. Dies begrüßen wir, verknüpfen dies aber mit der Forderung, diese Möglichkeiten für **energiesparende Maßnahmen** auch **in den alten Bundesländern** einzuräumen.

<u>Schlußfolgerung</u>

Nur mit Hilfe der hier skizzierten Maßnahmen ist das Reduktionsziel für die CO_2-Emissionen
von 25 Prozent erreichbar. Für dessen Einlösung steht die Bundesregierung im Wort. Im
Bestand ist die energetische Umrüstung von 500.000 bis 700.000 Wohnungen pro Jahr dafür
die Mindestgrundlage. So wie alle politischen Parteien diesem Reduktionsziel zugestimmt
haben, so sind sie alle verpflichtet, an seiner Realisierung mitzuwirken. Dazu soll dieser
Parlamentarierbrief auffordern.

Zusammenfassend ist festzustellen: Die problemlos mögliche Mobilisierung der
Investitionspotentiale durch energiesparendes und auch andere Ressourcen schonendes Bauen
und Modernisieren würde in hervorragender Weise viele Vorteile miteinander vereinen:

- **Schaffung und Erhaltung qualifizierter Arbeitsplätze in hoher Zahl in
  Planungsbüros, Baugewerbeunternehmen, Bauindustrie und
  Baustoff-Fachhandel**

- **Anreize für qualifizierte Handwerker- und Hochschulausbildung**

- **Senkung der Kosten für die Arbeitslosigkeit**

- **Minderung der Schattenwirtschaft**

- **Einlösung der umweltpolitischen Zusagen und Ziele**

- **Bewußtseinsbildung der Bevölkerung für den Umgang mit vorhandener
  Bausubstanz.**

Wir wünschen den Mitgliedern des 14. Deutschen Bundestages beim Umgang mit dem großen
Potential des Baubestandes eine erfolgreiche und glückliche Hand.

BDA Bund Deutscher Architekten
Ippendorfer Allee 14 b, 53127 Bonn
Tel. (0228) 285011, Fax (0228) 285465

BDB Bundesverband Deutscher Baustoff-Fachhandel e.V.
Edelsbergstraße 8, 80686 München
Tel. (089) 57836731, Fax (089) 57836734

BDH Bundesverband der Deutschen Heizungsindustrie
Frankfurter Straße 720-726, 51145 Köln
Tel. (02203) 935930, Fax (02203) 9359322

GDI Gesamtverband Dämmstoffindustrie
Griegstraße 17, 22763 Hamburg
Tel. (040) 8802042, Fax (040) 8811349

ZDB Zentralverband des Deutschen Baugewerbes
Kronenstraße 55-58, 10117 Berlin
Tel. (030) 203140, Fax (030) 20314575